U0486909

你人生中 99% 的伤害和失败来自“不懂拒绝”

别让不懂拒绝害了你

连山 / 编著

吉林出版集团股份有限公司

图书在版编目（CIP）数据

别让不懂拒绝害了你 / 连山编著 . -- 长春 : 吉林出版集团股份有限公司 , 2019.1

ISBN 978-7-5581-6162-9

Ⅰ . ①别… Ⅱ . ①连… Ⅲ . ①人生哲学 – 通俗读物 Ⅳ . ① B821-49

中国版本图书馆 CIP 数据核字（2019）第 012297 号

BIE RANG BU DONG JUJUE HAI LE NI
别让不懂拒绝害了你

编　　著：连　山
出版策划：孙　昶
项目统筹：郝秋月
责任编辑：侯　帅
装帧设计：韩立强
出　　版：吉林出版集团股份有限公司
（长春市福祉大路 5788 号，邮政编码：130118）
发　　行：吉林出版集团译文图书经营有限公司
（http: //shop34896900.taobao.com）
电　　话：总编办 0431-81629909　营销部 0431-81629880 / 81629900
印　　刷：天津海德伟业印务有限公司
开　　本：880mm × 1230mm　1 / 32
印　　张：6
字　　数：134 千字
版　　次：2019 年 1 月第 1 版
印　　次：2019 年 7 月第 2 次印刷
书　　号：ISBN 978-7-5581-6162-9
定　　价：32.00 元

印装错误请与承印厂联系　电话：022-82638777

前言
PREFACE

曾有心理学家指出，优秀是一种心理习惯，优秀意味着比别人有更多的自信，更为大方磊落，更加积极乐观。反观失败这种心理习惯，则表现为拘谨、优柔寡断，甚至有时显得有些卑琐。正所谓心态决定命运，心理习惯与暗示所形成的心态就像一扇双向的门，一边通向成功，另一边通向失败，差别往往只是细枝末节上的。然而就是这些细微的差别，就可能决定一个人的命运。

不懂拒绝就是一种失败的心理习惯。中国是有五千年历史的文明古国，恭顺谦和、礼貌谦卑也一直都是中华民族的传统美德。我们从很小的时候开始就一直潜移默化地受父母及身边的长辈影响，他们告诉我们和人不要争，不要抢，吃亏是福。长此以往，导致现在有许多人不问世事，遇事不积极，总是委曲求全，越来越没有个性。

中国向来是礼仪之邦，情面礼仪是我们最为崇尚的社会伦理；友善、中庸也是大多数中国人的为人处世之道。可是，只有我们自己知道，有多少时候我们为这种社会心态所累。你讲道理时，对方跟你讲情面；你讲得失利弊时，对方跟你诉苦求退让；你想拒绝时，怕得罪人；你想求助时，怕伤自尊心。总是从情面出发，好像有了谈判的筹码，但其实这个筹码没有刻度，没法计量，你就会发现，越来越多的事情，在这种碍于情面的“不好意思”面前失去了平衡。事情失衡，人便失衡，人一失衡，情面礼仪反而成了损害关系、制造矛盾的源头。所以中国人的为人处世智慧都体现在了如何平衡“不好意思”的心态中。

随着时代的发展，竞争愈发激烈。在适者生存的大环境下，人们渐渐选择躲在自己“不好意思”的躯壳中来逃避现实。“不好意思”已成了懦弱、自卑的代名词。生活中大部分的麻烦来源于你不懂拒绝一些无理的要求。我们每天都在被不好意思伤害着，短时期积累下来就是大危害，一辈子积累下来就是彻底让你失败。

造成“不好意思”的原因有很多种，你不懂得拒绝、太过缺乏自信、爱面子等，这些都会使你经常把“不好意思”挂在嘴边。本书通过大量的事实和案例深入浅出地探讨了“不懂拒绝”这种现象产生的原因，分析了“不懂拒绝”的危害：不好意思争取合理利益，从而利益处处受损；不好意思拒绝无理要求，从而麻烦不断……本书让读者彻底意识到不懂拒绝的危害，引导读者改变不好意思的心理，学会拒绝别人的不合理要求，不再懦弱和自卑，做生活的主人，做内心强大的自己。

目录

CONTENTS

第二章　“老好人”是一种病，你的善良也要有点锋芒

第三章　亮出你的铜墙铁壁，别让诡计有可乘之机

第四章　我的人生需要指点，但拒绝指指点点

第五章　拒绝是一门艺术，掌握不惹恼对方的技巧

第六章　硬拒不如柔拒，回绝却不伤害对方

第七章　直拒不如婉拒，拐个弯令对方主动放弃

序章

你可以说『不』

说不，没你想象得那么可怕

很多人在面对别人的时候，不敢拒绝对方，总是担心拒绝别人会导致一些问题的出现，事实上，往往这些担心都是多余的，比如：

如果拒绝了对方，别人会觉得我很自私；

如果拒绝了对方，别人会和我疏远；

如果拒绝了对方，别人将不再与我来往。

然而，真的是这样吗？其实不然，这些场景在多数情况下都没有真实地发生，而只是发生在你的头脑里。正是因为想象出来的这些可怕场景，让你不敢对别人说“不”，哪怕是非常过分的要求，且心里并不乐意。但是这些压抑的情绪并不会自己消失，一旦被别人察觉到，不仅不会得到别人的感激，没准还会招来怨恨。

结果，自以为的忍让，不仅让自己痛苦不堪，而同时答应别人的事情，也没有能够很好地完成，换来的只有自己的痛苦。殊不知，敢于拒绝别人，才是真正的无私；敢于拒绝别人，才能够换来真正健康的、良好的人际关系。

在职场也是如此，很多人不敢拒绝领导和同事，也是出于一些似是而非的理由：

如果我拒绝了领导，会因此而触犯他；

如果我拒绝了领导，会失去晋升的机会；

如果我拒绝了同事，会损害我的人际关系；

如果我拒绝了同事，会让别人觉得我没有团队意识；

……

事实上往往也并非如此。在职场中，任何一个人的加薪或者升职一定不是因为他做的事情多，一定不是因为他总是在帮助别人，也不是因为他从不拒绝领导。在职场中，如果遇到了以下的3种状况，你最好拒绝对方，这样对你、对对方都是负责任的表现：

第一，被安排超出了工作范围以外的事务；

第二，被安排超过了自己能力范围以外的工作；

第三，让自己或者自己的团队的利益受损。

面对这样的状况，如果你不敢拒绝对方，那么你在职场的前途就堪忧了。没有领导喜欢看到自己的下属总是在处理职责以外的事情，没有领导喜欢看到自己的下属做一些让团队利益受损的事情，更没有人希望看到你答应的事情却无力办到。所以说，面对这样的状况，绝对不能够忍气吞声。

小王大学毕业之后，进入一家公司工作，因为是新人，所以常常会被交办很多额外的事务，小王也都尽量很好地做完了。因为他的英语很好，公司有很多标书翻译的工作，又因为专职的翻译常常会出差，或者找理由推脱，所以公司同事遇到翻译的事情，都找小王。慢慢地，小王心理也开始产生不满情绪，也会找机会推脱掉。

小王本以为多做些事情能够换来一些好的结果，但是公司的加薪名单中却没有小王的名字。小王也明白了这些杂事做得再多，也不能换来自己在领导心中的良好印象。

事实上，小王遇到的情况很多职场新人都会遇到，本以为能够靠多做事来赢得领导的信任，最终却适得其反。小王做了翻译的事情，或许翻译觉得他多管闲事；同事虽然被帮忙了，但是也会觉得小王在逞能；至于领导，也会更加看重他分内工作的完成状况。所以，这些杂事并没有让小王得到好的结果。

小美的遭遇则更加让人同情。她从小受到很好的家教，进入职场之后，遇到了再大的不公平都不会提出不同意见，所以尽管她上班连桌椅都没有，她也默默地接受了现实。他的组长总是让她加班，很多时候都加班到很晚，甚至连周六周日都要加班，这样的状况一直持续了3个月。试用期到期之后，组长对他说："你对工作还不够熟悉，所以你还需要再努力，暂时还不能够转正。"

小美一直认为是自己不够努力，也一直在尽心尽力地努力工作，但是她转正的事情一直也没有定论。直到过了大半年之后，同事才跟她说，因为她处在试用期，所以组长就能够以带教她的名义加班，这样能够得到不菲的加班费。

就是因为小美一直忍让，所以才会被组长得寸进尺地要求加班。试想，如果一开始，小美就提出自己的抗议而拒绝这样的无理由加班，那么或许组长看到从她这里不能够拿到好处，早就按照公司规定转正了。

从这些例子中也可以看出，说“不”未必会带来什么严重的后果，但是不会说“不”，却总是会为你带来烦恼。在职场上，如果你总是想回避冲突，不敢据理力争，就会被别人看成逆来顺受，从而得寸进尺。所以，在面对不合理的要求的时候，勇敢地对对方说：“对不起，这样不行！”

记住，拒绝是你的权利

对于大多数人来说，说“不”是一件十分棘手的事。配偶、朋友、孩子、老板、同事总有可能向你提出一些要求或请你帮忙。但是如果有些事情超出了你的能力范围，而你却碍于脸面，硬着头皮答应了下来，最后为难的却是你。其实，你完全有权利对别人说“不”。

拒绝别人不是一件什么罪大恶极的事情，也不要把说“不”当成是要与人决裂。是否把“不”说出口，应该是在衡量了自己的能力之后，做出的明确回应。虽然说“不”难免会让对方生气，但与其答应了对方却做不到，还不如表明自己拒绝的原因，相信对方也会体谅你的立场。

雪莉·茜是好莱坞第一位主持一家大制片公司的女士，她在30岁就当上了著名电影公司董事长。为什么她有如此能耐呢？主要原因是，她言出必行，办事果断，懂得拒绝。

好莱坞经理人欧文·保罗·拉札谈到雪莉时，认为与她一起工作过的人，都非常敬佩她。欧文说，每当她请雪莉看一个电影脚本时，她总是立即就看，很快就给答复。不像其他人，如果给他看个脚本，即便不喜欢，也不表明态度，根本就不回话，而让你傻等。但是雪莉看了给她送去的脚本，都会有一个明确的回答，即使是她说“不”的时候，也还是把你当成朋友来对待。这么多年以来，好莱坞作家最喜欢的人就是她。

通常情况下，如果是遇到一些不好办的事情，很多人总是以沉默来回答，事实上这种不明朗的拖延并不好，让对方感觉不到诚意。其实学会委婉地拒绝同样可以赢得周围人对你的尊敬。

如果面对别人的不合理要求，明明知道自己做不到，却又违心地答应，这样的结果只能既造成对方的困扰，又失去别人对你的信任。所以，说“不”没什么开不了口的，只要站得住脚且对自己有益，就请勇敢地向别人和自己说“不”吧。

说“不”是一门学问

在生活中，对于大多数人来说，张口拒绝别人是一件很棘手的事情。面对别人的请求，大都担心拒绝对方会使其感情受到伤害而迟迟不愿张口。但不拒绝又会使自己处于两难境地，对方提出的事情或者相对于自己有难度，又或者会因此造成自己不小的损失。

相信许多人都会因此而苦恼不已。怎么能让自己的措辞既能清晰地表达出来，又不会伤及所有人的情感和自尊，甚至即使在拒绝他人时都能让对方愉悦地接受，这也是一门高深的学问。

在拒绝别人的时候应该注意维护对方的颜面，让对方非常体面地接受拒绝，对方不但不会忌恨或尴尬，还会因此对你更加信服。所以，对他人的请求你无能为力时，就要学会说“不”。

当你想拒绝别人时，心里总是想：“不，不行，不能这样做，不能答应！”可是，嘴上却含糊不清地说：“这个……好吧……可是……”这种口不应心的做法，一方面是怕得罪人；另一方面，过于直率地拒绝，也不利于待人接物。其实说“不”也是一门高深的学问。

1. 要敢于说出“不”

即使面对亲密之人的不当要求，我们也一定要坚持自己的原则。

老周在法院工作，他朋友的亲戚犯了法，正好由他审理。朋友的亲戚托朋友请老周吃饭，并且给老周包了一万元钱的红包，要老周网开一面，从轻发落。如果老周接受了钱，就是知法犯法。而如果不接受，又可能伤了朋友之情，并让对方在亲戚面前脸面无光。老周左右为难，不知如何是好。

与人相处，大家经常会遇到像老周这样的情况，即面对爱人、亲人、好友等亲密之人的请求，比如借钱、帮忙做某事等。许多时候，我们并不愿意答应这些请求，却又不好意思说“不”，这样，就会使自己陷入十分为难的境地。如果违心地答应下来，是为自己添烦恼；如果假装答应却不做，又失信于人。

一般来说，尽可能地帮助自己的亲密之人，这是人之常情。

但是当他们的要求有违国家法律法规、有违社会公共道德或有违家庭伦理时，我们应坚守自己的原则和立场，毫不留情地予以拒绝，还应帮助对方改正那些错误的思想和行为。

2. 拒绝时要讲究艺术

当你拒绝对方的请求时，切记不要咬牙切齿、绷着一张脸，而应该带着友善的表情来说“不”，才不会伤了彼此的和气。

两个打工的老乡找到在城里工作的李某，诉说打工的艰难，一再说住店住不起，租房又没有合适的，言外之意是想借宿。李某听后马上暗示说：“是啊，城里比不了咱们乡下，住房可紧了，就拿我来说吧，这么两间耳朵眼大的房子，住着三代人，我那上高中的儿子，晚上只得睡沙发。你们大老远地来看我，难道不该留你们在我家好好地住上几天吗？可是做不到啊！”两位老乡听后，非常知趣地走了。

任何人都不愿被拒绝，因为拒绝别人，会使他人感到失望和痛苦。在拒绝对方时，更要表现出你的歉意，多给对方以安慰，多说几个“对不起”“请原谅”“不好意思”“您别生气”之类的话。

拒绝别人是一件很难的事，如果处理得不好，很容易影响彼此的关系。所以，在拒绝别人的时候一定要绕个圈子说“不”。喜剧大师卓别林就曾说过一句话：“学会说‘不’吧！”学会有艺术地说“不”，才是真正掌握了说话的艺术。

拒绝是一门学问，是一项应变的艺术。要想在拒绝时既消除了自己的尴尬，又不让对方无台阶可下，这就需要掌握巧妙的拒绝方法。

不要硬撑着，该说“不”时就说“不”

生活中有很多缺“心眼”的人，由于某种原因而抹不开面子，明明知道是自己很难办到的事，硬是撑着，结果使自己受累，对方也往往会感到尴尬，弄个费力不讨好的结局。

让我们读读下面的故事，或许对你有一些启发：

阿杰刚参加工作不久，姑妈来到这个城市看他。他陪着姑妈把这个小城转了转，就到了吃饭的时间。

阿杰身上只有50块钱，这已是他所能拿出招待对他很好的姑妈的全部资金。他很想找个小餐馆随便吃一点，可姑妈却偏偏相中了一家很体面的餐厅。阿杰没办法，只得硬着头皮随她走了进去。

俩人坐下来后，姑妈开始点菜。当她征询阿杰的意见时，阿杰只是含混地说：“随便，随便。”此时，他的心中七上八下，放在衣袋中的手紧紧抓着那仅有的50元钱。这钱显然是不够的，怎么办？

可是姑妈一点也没注意到阿杰的不安，她不住口地夸赞着可口的饭菜，阿杰却什么味道都没吃出来。

最后的时刻终于来了，彬彬有礼的侍者拿来了账单，径直向阿杰走来。阿杰张开嘴，却什么也没说出来。

姑妈温和地笑了。她拿过账单，把钱给了侍者，然后盯着阿杰说："小伙子，我知道你的感觉。我一直在等你说'不'，可是你为什么不说呢？要知道，有些时候一定要勇敢坚决地把这个字说出来，这是最好的选择。我来这家餐厅，就是想要让你知道这个道理。"

这一课对所有的青年人都很重要：在你力不能及的时候要勇敢地把"不"说出来，否则你将陷入更加难堪受累的境地。

一个曾助人为乐的人唠叨说："能帮上忙我很快乐，但是我也不想因帮忙而得到不尊重的态度。有一回午夜时分一个陌生的太太说要将她的三个孩子送来我家，且要我负责接送上下学、伙食和讲床边故事。另一回，也是带人家的小孩，小孩的父亲怪我的伙食不行，还说我没教孩子英文、珠算、数学！还有一回，人家托我带孩子，说好晚间八点准时到，结果我等到十二点还没到！打电话去问，说是'误会'，就不了了之了。上班时，会计小姐在年度结算，托我帮忙，我算得头昏脑涨，那小姐喝茶快活去了。最后，还怪我太慢，害她被老板骂。"

做人应该懂得保护自己，该推脱的必须推脱。不要凡事都往自己身上揽，这样别人才会重视你，尊重你。一味的好心，不仅加重了别人的依赖，也加重了自己的负担，导致自己生活得很累。

第一章

都是『不好意思』惹的祸，为什么拒绝总难以出口

千万别陷入“面子观”的怪圈

顾名思义，“面子观”是一种死守面子、唯面子为尊的价值观念和行事思想。“面子观”对我们行事做人有很大的束缚。因此在不利的环境下我们要勇于说“不”，千万别过多地考虑“面子”，而陷入“面子观”的怪圈之中。

很多时候，我们常被人们支配，去做一些自己本不想做的事情。他们最常挂在嘴边的是：“你应当……”“你帮我做……”一般人碰到这类要求，通常都很难回绝，尤其是提出要求的人是你最亲密的伙伴，“不”字就更难说出口了。日子一久，这种互动关系定型后，就形成了一种默契或是彼此的承诺。

万一哪一天对方又要你做这个做那个，而你却坚持己见时，那会发生什么事呢？一方面，对方可能会勃然大怒，认为你违背了双方的承诺；另一方面，如果你坚持不做这些“应该”做的事，你会心生愧疚。

你可知道为什么会有愧疚感？这是因为双方过度的情感企求所致。

你之所以会顺从对方的要求，说穿了，就是想通过这种顺从的表现来得到对方赞许、关爱的眼神，甚至取悦对方。

当这种取悦方法成了你行事的模式以后，拒绝对方的要求一定会让他很不高兴，而你也会觉得很对不起他。愧疚的感觉很像忧惧，而忧惧就好像是坐在一张摇摇椅上，你就只能这么晃荡着，看起来好像能将你摇向什么地方，但却只是在原地摆荡，让你什么地方也去不了。

不要忘了，我们有权利决定生活中该做些什么事，不应由别人来代做决定，更不能让别人来左右我们的意志，让自己成为傀儡。况且，他人并不见得比我们更了解情况，也不会比我们聪明到哪里去，所以，他们所提出的这类“理所当然”的事很可能不是我们的最佳选择。

你的最佳选择还是应该经由自己深入分析和思考之后，做出判断。

事实上，我们常常过度在乎自己对别人的重要性，就好像我们常常听到调侃别人的一句话：“没有你，地球照样转！”这句话的意思是说，没有什么人是不能被取代的。如果你把每一件事都看成是你的责任，妄想完成每一件事，这无异于自找苦吃。你真正该尽的责任是，对你自己负责，而不是对别人负责。你首先应该认清自己的需求，重新排列价值观的优先顺序，确定究竟哪些对你才是真正重要的。把自己摆在第一位，这绝不是自私，而是表明你对自己道德意识的认同。

你虽然赞成这种说法，可是你觉得还是有些为难，你不知道该如何开口说“不”。

真有那么困难吗？其实那是我们的本能。心理学家说，人类所学的第一个抽象概念就是用“摇头”来说“不”，譬如，一岁多的幼儿就会用摇头来拒绝大人的要求或者命令，这个象征性的动作，就是“自我”概念的起步。

“不”固然代表“拒绝”，但也代表“选择”。一个人通过不断的选择来形成自我，界定自己。因此，当你说“不”的时候，就等于说“是”，你“是”一个不想成为什么样子的人。

勇敢说“不”，这并不一定会给你带来麻烦，反而是替你减轻压力。如果你现在不愿说“不”，继续积压你的不快，有一天忍耐到了极限，你失控地大吼：“不！”面对难以收拾的残局，别人可能会反过头来不谅解地问你：“你为什么不早说？”

如果你想活得自在一点，请勇敢地站出来说“不”。记住，你不必内疚，因为那是你的基本权利，别为了面子而委曲求全。

方圆有道，原则问题不能让步

人际交往中的矛盾如果以平等互利的方式来解决都是可以化解的。但是，如果矛盾涉及了原则性问题，那么就必须站稳脚跟，寸步不让，即使是细节也不能让。聪明人懂得如果原则性问题也要让步等于失去了做人的方向。

人们所说的原则性问题主要有两种，一是尊严，二是应得的利益。尊严是精神上的原则性问题，一个人格健全的正常人是不能允许别人轻易冒犯自己的，尊严受到损害有时比物质利益的损失更能让人感到痛苦和难以忍受。一个人的素养越高就越看重自己的人格与尊严，所谓“士可杀不可辱”，正是这个意思。

我们说在尊严问题上必须寸步不让，但在很多情况下是自己的尊严已被人严重地侵犯了，却还不知如何申辩，结果只能白白地受气。其实，别人侮辱我们的人格，并不意味着他的人格有多高尚，如果我们能够了解对方，稍稍使用一点“心机”，以其人之道，还治其人之身，往往可以收到良好的效果，从而为自己讨回尊严。

在某大城市的一户人家，有一位乡下来的小保姆，由于性情实在，干活利索，给女主人留下的印象颇佳。但是，生性狐疑的女主人还是担心这位乡下姑娘手脚不干净，于是在试用期的最后几天想出个办法来试一试她。

一天早晨，小保姆起床要去做饭，在房门口捡到一元钱，她想肯定是女主人掉的，就随手放在了客厅的茶几上。谁知第二天早晨，小保姆又在房门口捡到了一张 5 元的钞票，这让她感到很奇怪。“莫非是在试探我吗？”小保姆产生了这样的疑问。但她又很快打消了这个念头，因为女主人是位刚从科长位子上退休的体面人，怎么会做出这样侮辱人的事情呢？这样想着，她就把钱放进了茶几底下，但还是留了个心眼儿。

到了晚上，小保姆假装睡下，从卧室的窗户窥看客厅中的动静。正当她困意袭来，准备放弃这一念头时，女主人竟真的悄悄到茶几前取钱来了。小保姆彻底惊呆了，怒火冲上了她的心头：怎么可以这样小看人！她咬了咬嘴唇，下定决心找回尊严。

次日早晨，小保姆又在房门口发现了一张钞票，这次是10元钱。她笑了笑，把钱装进了自己的口袋。到了傍晚，她在女主人下楼去跳广场舞之前把这10元钱悄悄地放在了楼梯上，准备也测试女主人一番。果不出小保姆所料，女主人之所以怀疑别人手脚不干净，是因为她自己正是一个自私而贪心的人。她在下楼时看见了那10元钱，当时就眼睛一亮，然后趁着左右没人把钱塞进了口袋里。这一幕，全都被暗中偷窥的小保姆看到。

当晚，女主人就像科长找科员谈话一样找到了小保姆，严肃而又婉转地批评她为人不够诚实，如果能痛改前非，还是可以留用的。小保姆故作懵懂地问："你是不是说我捡了10元钱？""是呀！难道你不觉得自己有错吗？"小保姆摇了摇头："不，我不认为我做错了什么，因为我已经将那10元钱还给您了。"女主人一脸诧异："咦，你啥时啥地还我钱了？"小保姆大声回答："今天傍晚，公共楼梯……"女主人一听到"楼梯"两个字，顿时像触了电一样浑身一颤，狼狈得一句话也说不出来了……

聪明的小保姆利用了一些"心机"为自己找回了面子，女主人自然也不该再侮辱她的人格和尊严。试想一下，如果她正面反击，不讲策略又会是什么效果呢？使用一点"心机"，就可以方圆有道，一劳永逸，可见，做人还是要讲究技巧的。

自欺欺人，只能作茧自缚

为了面子，自欺欺人，是不成熟的标志。更可悲的是，欺心会让我们活在痛苦之中。

王青一直认为自己很幸运，找了一个帅哥做丈夫，一个被众姐妹羡慕的白马王子。但那是白天的戏，夜晚来临，她就得扮演披头散发的女奴。

丈夫比自己小 3 岁，家庭背景体面，又在外资企业里做主管，风度翩翩。但实际上，这个男主角外壳坚硬，善于虚张声势，而内心却很自卑。

可是，这个在外被大家“宠”坏的长不大的孩子，占有欲又极强，于是，便借一次又一次对妻子的征服、欺凌、虐待，来证明自己的权威与魄力。

在这桩婚姻里，男主角不想承担什么责任，也害怕承担责任；可他又要要家长威风，最变态的，便是几乎夜夜都要打太太出气。

而更可悲的是，女主角王青居然忍了近10年，她总以为他还小，耍小孩子脾气，忍一些时日，他会浪子回头的。

这一切都只是王青的美好愿望而已，最终一一化为泡影。这种人格不成熟的男人，或许只适合谈恋爱，却不适合做丈夫和父亲。每次丈夫动粗时，王青只是苦苦哀求，别打她的脸就好，因为那会被别人看到，那很丢人！

总以为哀兵政策会软化他冷酷的心，总以为他会长大，不再分裂成白天与夜晚截然不同的两个角色。但一年一年过去了，王青仍然没有等来那一天！

或许，爱神真的是个瞎子。他只负责给你冲动、感动、激动，他只诱发你幻想、变傻、变痴，然后只见树木、不见森林……他让当局者迷失方向，情不自禁，却又不自知、不觉醒，赔了青春之后，才发现一切都晚了，只好忍着，以为太阳下山了，还有星星会缀补那颗受伤的心……

忠贞，但不要愚忠；放弃，但不要失去自我。幸福如同穿鞋，是否舒服，只有自己知道，不是做给人看的。有些幸福，对自己而言，是如此真实，但在外界看来，却不精彩；有些“体面”与“光荣”，人们是如此看好，但身陷其中的你，才真正体会到各种无奈。

在婚姻生活中如此，在社会交往中也是如此，我们不能为了一时的面子，而自欺欺人，那样只能打碎了门牙往肚里咽，最后受伤的还是我们自己。

消除自己渴望被赞许的心理

爱面子的人都希望得到别人的赞许，但是要有个度。尽管赞许会让你的面子增色不少，但却是精神上的死胡同，它绝不会给你带来任何益处。

一位名叫奥齐的中年人，对于现代社会的各种重大问题都有着自己的一套见解，如人工流产、计划生育、中东战争、水门事件、美国政治等。每当自己的观点受到嘲讽时，他便感到十分沮丧。为了使自己的每一句话和每一个行动都能为每一个人所赞同，他花费了不少心思。他向别人谈起他同岳父的一次谈话。当时，他表示坚决赞成无痛致死法，而当他察觉岳父不满地皱起眉头时，便本能地立即修正了自己的观点："我刚才是说，一个神志清醒的人如果要求结束其生命，那么倒可以采取这种做法。"奥齐在注意到岳父表示同意时，才稍稍松了一口气。

他在上司面前也谈到自己赞成无痛致死法，然而却遭到强烈的训斥："你怎么能这样说呢？这难道不是对上帝的亵渎吗？"奥齐实在承受不了这种责备，便马上改变了自己的立场："……我刚才的意思只不过是说，只有在极为特殊的情况下，如果经正式确认绝症患者在法律上已经死亡，那才可以停掉他的输氧管。"最后，奥齐的上司终于点头同意了他的看法，他又一次摆脱了困境。

当他与哥哥谈起自己对无痛致死的看法时，哥哥马上表示同意，这使他长长地出了一口气。他在社会交往中为了博得他人的欢心，甚至不惜时时改变自己的立场和观点。就个人思维而言，奥齐这个人是不存在的，所存在的仅仅是他做出的一些偶然性反应；这些反应不仅决定着奥齐的感情，还决定着他的思维和言语。总之，别人希望奥齐怎么样，他就会怎么样。

现实生活中，这样的人和事也不少。

有一个秘书，领导让他看一篇报告写得如何。他看过后来汇报，说："我认为写得还不错。"领导摇了摇头。秘书赶快说："不过，也有一些问题。"领导又摇摇头。秘书说："问题也不算大。"领导又摇摇头。秘书说："问题主要是写得不太好，表述不清楚。"领导又摇摇头。秘书说："这些问题改改就会更好了。"领导还是摇头。秘书说："我建议打回这个报告。"这时领导说了："这件新衬衣的领子真不舒服。"

一旦寻求赞许成为一种需要，做到实事求是几乎就不可能了。如果你感到非要受到夸奖不行，并常常做出这种表示，那就没人会与你坦诚相见。同样，你不能明确地阐述自己在生活中的思想与感觉，你就会为迎合他人的观点与喜好而放弃你的自我价值。

人在社会交往中必然会遇到大量反对意见，这是现实，是你为生活付出的代价，是一种完全无法避免的现象。所以要消除你希望被赞许的心理，这样才能让你在社会交往中如鱼得水。

力不从心时要大胆说"不"

在日常生活中，很多人都有这样的遭遇：有些时候，我们面对别人的要求感到力不从心想拒绝的时候，即使心里很不乐意帮对方做那些事，但是碍于一时的情面，却勉强点头答应。虽避免了一时的烦恼，之后却给自己留下长久的不快。

"盛年不重来，一日难再晨。"人生的短暂，超乎你的想象。要想在短暂的一生中，过得开心、快乐、满足，我们必须懂得熟练应用一些生活技术，除了像洗衣、做饭、工作这些基本技能以外，学会如何拒绝也是一门必要的学问。掌握了精通拒绝的技术，你就会给自己的生活减少很多不必要的麻烦，相比较于那些不会拒绝的人来说，你会使自己过得更快乐、安稳。所以，精通拒绝的技术对我们的生活至关重要，不仅有利于提高我们的工作效率，更能提高我们的生活质量。

班超是东汉时期著名的军事家和外交家。在汉明帝时期，他曾被派遣出使西域。班超在西域前后生活了30年，为平定西域，促进民族融合做出了巨大贡献。

当时，在西域已经住了27年的班超，年近70岁，加上身体越来越差，对自己的职务感到力不从心，很想回家休养。于是就写了封信，叫他的儿子寄回汉朝，请和帝把他调回来，可是班超一直没有收到答复。所以，他的妹妹班昭也上书汉和帝一份奏折，请求把哥哥调回玉门关以内。

班昭的奏折中这样说道："班超在和他一起去西域的人当中，年龄最大，现在已经过了花甲之年，体弱多病，头发斑白，两手不太灵活，耳朵也听不清楚，眼睛不再像以前明亮，要撑着手杖才能走路。如果有突然的暴乱发生，恐怕班超也不能顺着心里的意愿替国家卖力。这样一来，对上会损害国家治理边疆的成果，对下会破坏忠臣好不容易立下的功劳，这多么让人痛心啊！"

被感动的汉和帝把班超从西域召了回来，让他在洛阳安度晚年。班超回来后，由于旧病复发，不久就因为胸肋病加重而去世，享年71岁。试想如果班超不是在自己力不从心的时候，大胆向当权的最高统治者说"不"，那么等待他的就必然是客死他乡的结局。

很多人不敢拒绝对方，都是因为感到不好意思。因为自己的不敢据实言明，致使对方摸不清自己的意思，而产生许多不必要的误会。如果你语言模糊地应付说："这件事似乎很难做得到吧"，别人就很难听出你话语中拒绝的含义，自然依照自己的意愿来理解你的“言外之意”——同意。你答应别人的事情，如果没有做好，最终会落得失信于人的下场。

其实拒绝是一件很正常的事，因为别人的很多要求如果我们照着去履行，就会给自己造成难以承受的麻烦。这个时候告诉别人你的难处这不是在诉苦，而是在陈述事实。如果事情合情合理，说出来才是正确的，如果不说，别人才不会理解呢。

直截了当地告诉对方你不能完成委托的现实原因，明白无误地陈述一些客观情况，包括真实状况不允许、自己的能力有限、社会条件限制等。一般来说，列举的这些状况必须是对方也能认同、理解的，只有这样，对方才较能理解你的苦衷，自然会自动放弃说服你，不把你的拒绝当成是无道理的推脱。

有人喜欢你直截了当地告诉他拒绝的理由，有人则需要以含蓄委婉的方法拒绝，各有不同。如果我们面对的是不好正面拒绝的情况，我们就不要继续采取直接拒绝法，而是采取迂回、转移的方法来解决问题。

当对方提出要求时，你暂不给予对方答复，也就是说，当面对力不从心的要求时，虽然你没有当面拒绝，但是你也迟迟没有答应，只是一再表示要研究研究或考虑考虑，那么聪明人马上就能了解你是不太愿意答应的，自然而然危机就解除了。

面对对方那些力不从心，我们又不方便直接拒绝的请求，我们在转移话题、陈述各种理由的时候，最主要的是善于利用语气的转折，但也不致撕破脸。举个现实中的例子，朋友小张因为结婚要向你借钱，但是你最近经济也很紧张，这种情况你直接拒绝的话，会显得过于冷漠。你可以先向对方表示祝贺，继而给予赞美，并对他所面临的情况深表同情，然后再提出理由，加以拒绝。由于先前对方在心理上已因为你的祝贺、理解和同情使两个人的距离拉近，所以对于你的拒绝也较能以“可以理解”的态度接受。

总而言之，面对生活中的种种问题，你都要大胆地说出“不”字，尽管这不是一个容易的课题，但是在你的日常生活中却相当重要。

其实，有能力帮助他人不是一件坏事，当别人拜托你为他分担事情的时候，表示他对你很信任，只是你由于某些理由无法相助罢了。但无论如何，别急着拒绝对方，仔细听完对方的要求后，如果真的没法帮忙，也别忘了说声“非常抱歉”。

第二章

『老好人』是一种病，你的善良也要有点锋芒

正直不是一味愚憨

做人固然需要正直，但是如果一味愚憨，不分对象，则一定会吃亏乃至失败。面对品行不端之人，或与品行不端之人打交道，就要灵活应对，不该善良软弱的时候就要先出招，制服对方。

东晋明帝时，中书令温峤备受明帝的亲信，大将军王敦对此非常嫉妒。王敦于是请明帝任温峤为左司马，归王敦所管理，准备等待时机除掉他。

温峤为人机智，洞悉王敦所为，便假装殷勤恭敬，协助王敦处理府事，并时常在王敦面前献计，借此迎合王敦，使他对自己产生好感。

除此之外，温峤有意识地结交王敦唯一的亲信钱凤，并经常对钱凤说："钱凤先生才华、能力过人，经纶满腹，当世无双。"

因为温峤在当时一向被人认为有识才看相的本事，因而钱凤听了这赞扬心里十分受用，和温峤的交情日渐加深，同时常常在王敦面前说温峤的好话。透过这一层关系，王敦对温峤的戒心渐渐消除，甚至引其为心腹。

不久，丹阳尹辞官出缺，温峤便对王敦进言："丹阳之地，对京都犹如人之咽喉，必须有才识相当的人去担任才行，如果所用非人，恐怕难以胜任，请你三思而行。”

王敦深以为然，就请他谈自己的意见。温峤诚恳答道：“我认为没有人能比钱凤先生更合适了。”

王敦又以同样的问题问钱凤。因为温峤推荐了钱凤，碍于情理，钱凤便说：“我看还是派温峤去最适合。”

这正是温峤暗中打的主意，果然如愿。王敦便推荐温峤任丹阳尹，并派他就近暗察朝廷中的动静，随时报告。

温峤接到派令后，马上就做了一个小动作。原来他担心自己一旦离开，钱凤会立刻在王敦面前进谗言而再召回自己，便在王敦为他饯别的宴会上假装喝醉了酒，歪歪倒倒地向在座同僚敬酒。敬到钱凤时，钱凤未及起身，温峤便以笏（朝板）击钱凤束发的巾坠，不高兴地说：“你钱凤算什么东西，我好意敬酒你却敢不饮。”

钱凤没料到温峤一向和自己亲密，竟会突然当众羞辱自己，一时间神色愕然，说不出话来。王敦见状，忙出来打圆场，哈哈笑道：“太真醉了，太真醉了。”

钱凤见温峤醉态可掬的样子，又听了王敦的话，也没法发作，只得咽下这口恶气。

温峤临行前，又向王敦告别，苦苦推辞，不愿去赴任，王敦不许。温峤出门后又转回去，痛哭流涕，表示舍不得离开大将军，请他任命别人。

王敦大为感动，只得好言劝慰，并且请温峤勉为其难。温峤出去后，又一次返回，还是不愿上路。王敦没办法，只好亲自把他送出门，看着他上车离去。

钱凤受了温峤一顿羞辱，头脑倒清醒过来，对王敦说："温峤素来和朝廷亲密，又和庾亮有很深的交情，怎会突然转向，其中一定有诈，还是把他追回来，另换别人出任丹阳尹吧。"王敦已被温峤彻底感动了，根本听不进钱凤的话，不高兴地说："你这人气量也太窄了，太真昨天喝醉了酒，得罪了你，你怎么今天就进谗言加害他？"

钱凤有苦难言，也不敢深劝。

温峤安全返回京师后，便把在大将军府中获悉的王敦反叛的计划告诉朝廷，并和庾亮共同谋划讨伐王敦的计策。

王敦这才知道上了温峤的大当，气得暴跳如雷："我居然被这小子给骗了。"

然而，王敦已经鞭长莫及，更无法挽救失败的命运了。

在面对坏人时一定要藏起自己的正直秉性，采取更灵活的方法应对，避免使自己的秉性被其利用。温峤在处理王敦、钱凤等人的关系时，运用一整套娴熟的处世技巧，不但保护了自己，而且在时机成熟时，主动出击，取得了胜利。

正直的人总是因为做事坦荡而使自己处于明处，要想提防别人的袭击，就必须学会保护自己。

正直不是愚憨，正直的人也不排斥谋略，甚至可以以其人之道还治其人之身。只有采用更高一筹的谋略，正直的人才能避免遭受到伤害。

善良过了底线，也是一种“罪”

春秋时，齐桓公死后，宋襄公不自量力，想接替齐桓公当霸主，但是，遭到了其他各国的反对。宋襄公发现郑国最支持楚国做盟主，便想找机会征伐郑国出口气。

周襄王十四年，宋襄公亲自带兵去征伐郑国。

楚成王发兵去救郑国，但他不直接去救郑国，却率领大队人马直奔宋国。宋襄公慌了手脚，只得带领宋军连夜往回赶。等宋军在泓水扎好了营盘，楚国兵马也到了对岸。公孙固劝宋襄公说：“楚兵到这里来，不过是为了援救郑国。咱们从郑国撤回了军队，楚国的目的也就达到了。咱们力量小，不如和楚国讲和算了。”

宋襄公说：“楚国虽说兵强马壮，可是他们缺乏仁义；咱们虽说兵力不足，可是举的是仁义大旗。他们的不义之兵，怎么打得过咱们这仁义之师呢？”宋襄公还下令做了一面大旗，绣上“仁义”二字。天亮以后，楚国开始过河了。公孙固对宋襄公说：“楚国人白天渡河，这明明是瞧不起咱们。咱们趁他们渡到一半时，迎头打过去，一定会胜利。”宋襄公还没等公孙固说完，便指着头上飘扬的大旗说：“人家过河还没过完，咱们就打人家，这还算什么‘仁义’之师呢？”

楚兵全部渡了河，在岸上布起阵来。公孙固见楚兵还没整顿好队伍，赶忙又对宋襄公说：“楚军还没布好阵势，咱们抓住这个机会，赶快发起冲锋，还可以取胜。”

宋襄公瞪着眼睛大骂道："人家还没布好阵就去攻打，这算仁义吗？"

正说着，楚军已经排好队伍，洪水般地冲了过来。宋国的士兵吓破了胆，一个个扭头就跑。宋襄公手提长矛，想要攻打过去，可还没来得及往前冲，就被楚兵团团围住，大腿上中了一箭，身上也好几处受了伤。多亏了宋国的几员大将奋力冲杀，才把他救出来。等他逃出战场，兵车已经损失了十之八九，再看那面"仁义"大旗，早已无影无踪。老百姓见此惨状，对宋襄公骂不停口。

可宋襄公还觉得他的"仁义"取胜了。公孙固搀扶着他，他一瘸一拐地边走边说："讲仁义的军队就得以德服人。人家受伤了，就不能再去伤害他；头发花白的老兵，就不能去抓他。我以仁义打仗，怎么能乘人危难的时候去攻打人家呢？"

那些跟着逃跑的将士听了宋襄公的话，只得叹气。

确实，善良有时也是一种"罪"，过度的不分场合的"善良"，有时会演变成悲剧。在社会上，"妇人之仁"有时会成为一个人发展的负担，甚至是致命伤。有这样一则寓言：

一匹狼跑到牧羊人的农场，想偷猎一只羊。牧羊人的猎犬追了过来，这只猎犬非常高大凶猛，狼见打不过又跑不掉，便趴在地上流着眼泪苦苦哀求，发誓它再也不会来打这些羊的主意。猎犬听了它的话，又看它流了泪，非常不忍，便放了这匹狼。想不到这匹狼在猎犬回转身的时候，纵身咬住了猎犬的脖子，临死之际，猎犬伤心地说："我本不应该被狼的话感动的！"

然而，现实生活中却有很多如宋襄公和寓言中的猎犬一样的人，以为能通过自己的仁义感化别人。殊不知，这种“妇人之仁”不但不会感动他人，反而会给他人更多的机会再次犯下恶行。

因此，有时，善良也是一种“罪”，在不该仁义的时候就要坚持原则和遵从事物发展的规律，切不可因己之“仁”伤害了更多无辜之人甚至丢掉自己的性命。

以直报怨，让你的善良长出牙齿

有一天，著名经济学家茅于轼陪一位外宾去北京西郊戒台寺游览。他们叫了一辆出租车，来回 90 多千米，加上停车等待约两个小时，总计价 245 元。但茅先生发现司机没有按来回计价。按当时北京市的规定，出租车行驶超过 15 千米之后每千米从 1.6 元加价到 2.4 元。其理由是假定出租车已驶离市区，回程将是空车。但对于来回行驶，且不会发生空驶，全程应按每千米 1.6 元计价。显然，出租车司机多收费了。

此时，茅先生有两种选择：一是以眼还眼，以牙还牙，拒绝付款，甚至去举报司机的违规行为，让司机被处以停驶一段时间的处罚；二是以德报怨，不但付钱还给司机小费，以期能够感化司机。但是茅于轼先生做出了第三种选择，就是仍按规定付款，但告诉他，他已犯了规，让他以后改正。

从上面这个反映现实人际关系的小故事中，我们可以发现，当受到不公正的对待时，对自己最有利的一种策略就是茅于轼先生的第三种选择：以直报怨。

中国儒家思想讲究“恕道”，严于律己，宽以待人，甚至还有“唾面自干”的典故。这些教诲的意思是：当有人损害你的利益时，不要反抗，而应该委曲求全。基督教《新约》上说，如果有人打你的左脸，你应把右脸也让他打，用这种胸怀和博爱去感化对方。基督教相信人之初性本善，每个人都有善的基因，只要用心去感化，坏人也能变为好人。

这些教诲从道德上不能说不对，从策略上说，无论“逆来顺受”还是“以柔克刚”，也都有其合理性，但问题是逆来顺受之后会怎么样？一个可预见的结果是，一旦知道你会采取这种宽容策略，他们有可能采取背叛策略，进一步欺负你。

另一个可预见的结果是，对方会从你的“宽容”导致的纵容中得到“鼓励”，去欺负其他人，结果是，人人生活在一个邪恶的世界里。

所以，在人际、群际关系乃至国际关系中，唾面自干、逆来顺受的情况不一定是良性的，以德报怨是应该酌情运用的。对恶行的惩罚、对恶人的威慑与对善行的奖励同样重要，甚至更为重要。世界各国都有详细缜密的法律规范本国人民的行为，作为个人，也要通过勇敢维护自己的权利，来回击恶意的侵犯，这样做不仅是为了自己，更是为了整个社会。

宽容固然可以避免不必要的争斗，但过度宽容就是软弱，它不仅无益，反而有害。只有以直报怨，才是正确之道。

你那么好说话，无非是没原则

今天，仿佛所有的事情都堆到了一块！除了日常事项，再加上一些突发事情，工作都撞在了一起，让林丽感到喘不过气来。但是……“林丽，把这份文件送到市场部。”电话那头，经理有了最新指示。林丽送文件回来后还没来得及坐下，只能放下手头的工作。“林丽，赶紧帮我发个传真”，小张说。“还有，回来时顺便帮我带杯咖啡。”小田不失时机地说。

林丽皱了皱眉头，虽然嘴上没说什么，但是心里极不爽。作为新人，因刚来，工作还没上手，经常要麻烦同事帮忙，所以只要力所能及，林丽都乐意帮其他同事做事，希望能够更快地融入新的环境中去。但是没有想到，不知从何时起，林丽竟成了“人民公仆”，同事们有什么事情都习惯差遣她，什么闲杂的工作都叫她去做：这个叫她去复印，那个叫她送文件……

她感到很郁闷！当她端着小王要的咖啡走进办公室时，刚好撞见了经理。经理看了看她，一脸的不快，皱着眉头说：“小林，你怎么老是进进出出啊？”林丽哑巴吃黄连，有苦说不出。而小王他们只是抬头看了她一眼，马上低头做忙得不亦乐乎状！当同事们在忙自己的工作时，林丽却放下手头的工作，忙着给他们发传真、端咖啡、送文件！当同事们得到经理表扬时，她却挨经理的批评！林丽越想越气，感觉眼泪都要流下来了。

遇到这样的情况，你是不是很冤枉？为了满足别人的需求，你花费了那么多的时间和精力，却被说成一个在工作中缺少主动能力和主动意识的人，只能在别人的计划中以谦卑的姿态分一杯羹吃。你不禁委屈道：真不公平啊，我这样对他们，竟换不来他们的感激，反而被他们轻视。事实上，这是很自然的一种质变。当你偶尔帮助别人做一些事务性工作，并一再强调自己分身乏术时，别人会觉得你对他的帮助非常难得，因此感激你；而当你经常性地主动帮助别人时，别人习以为常后会产生错觉：这是你“应该做的”。

你的工作量不停增加，这还都只是小事，只是你辛苦点罢了，最重要的是如果在帮助别人之前没有搞清楚事情的来龙去脉，很可能就会背黑锅，犯错误都说不定。看来“老好人”不好当呀，很可能费力不讨好。

要想打破这种局面，就要敢于说“不”。你不敢说“不”，不敢拒绝的原因，是因为你太在乎对方的反应，你在担心他(她)因为你的拒绝而愤怒。但事实上，你才是那个感到愤怒和不安的人，因为你违心地答应了别人的要求。要拒绝别人，又不想让他觉得你冷漠无情、自私自利，下面有几种方法，能帮助你找到合适的说辞，大大方方地说“不”。

1.“不，但是……”

你的新同事在工作忙得不可开交的时候，想请一天假。你可以说：“我想可能不行，但是如果你能在请假的前几天里，用休息时间多做一些工作，我认为你请假会比较恰当。”你拒绝了对方的请求，但你同时找到了改变自己决定的可能性，即如果对方能按你的要求去做，你会同意他（她）的请求。

2.“这是为了你好……”

一个刚失业的朋友正在找工作，他听说你所在的公司正在招聘，跃跃欲试。你发现他并不是那份工作的合适人选，但他却说：“你能向上级推荐我吗？”你可以说：“我觉得那份工作并不适合你，你是一个很有创意的人，但我们公司正在寻找一个数学方面的人才。”你的朋友需要的是诚恳的建议，如果那份工作真的不适合他，你是在帮助他节省时间。

3. 欲抑先扬

一个关系较好的同事想升迁，在洗手间里她问你：“你现在一个月挣多少钱？”你可以说：“我觉得这次你会成功晋升的，因为你确实很有能力，但关于我的薪水，无可奉告。”先强调你想肯定的那个部分，那么说起“不”来，会容易得多。在这种情况下，对方往往不会再和你争论她所关心的这个不相干的话题。

4. 话题引导

你的同事常拖家带口地在你家借宿，而她却从来不邀请你去她家。你可以说：“我们都很喜欢你的宝贝女儿，但今晚不太方便，而且我觉得孩子们对我家已经没什么新鲜感了，要不哪天我带着孩子去你们家小住？”在拒绝的时候，你把话题引到了真正的原因上，也就是说，你在积极地解决问题。如果你一味地“好说话”，一旦表现出自己不顺从、有主见的一面，同事就会认为你不听话了，翅膀硬了，感到别扭，也不利于你的前途和发展。因此，开始的时候就要表明这种意识，一定表现出自己的独立性和原则性，这样才能省去麻烦，又能赢得好人缘。

别手软，坚决彻底地击垮对方

北宋明道二年（1033 年），宋仁宗开始亲政。为了摆脱皇太后执政的影响，他和宰相吕夷简商定把以前太后任用的大臣都罢免了。这时，郭皇后说："吕夷简也很会依附太后，不过仗着为人乖巧、反应机敏，自己倒躲了干净。"仁宗听后，觉得有一定道理，第二天就罢了吕夷简的相位。

仁宗与郭后的谈话正好让一个叫阎文应的太监听到了。阎文应的职位是内侍副都知，平日与吕夷简的关系很好，他担心皇帝罢了吕夷简，下一个遭殃的就会是自己了，于是就想要让皇帝把郭皇后废了，这样他也就平安无事、前程似锦了。这时，仁宗又心生悔意，复了吕夷简的相位。阎文应立即把郭后劝说皇帝的话告诉了吕夷简，吕夷简恨得咬牙切齿，自此对郭皇后恨之入骨。

当时，在后宫之中，宫人尚氏、杨氏长得貌美可人，比郭后还多了一分妖媚风流，因此深得宋仁宗欢心。性格泼辣的郭皇后多次至尚氏、杨氏居处，对她们破口大骂。有一天，宋仁宗临幸尚氏，尚氏向宋仁宗诉说郭皇后的不是，恰逢郭皇后赶来，二人争执起来。争吵之间，郭皇后十分愤怒，举手打向尚氏，宋仁宗急忙上前救尚氏。郭皇后收势不住，刚好打在宋仁宗的脖子上，宋仁宗顿时龙颜大怒，要废郭皇后，吓得郭皇后面色苍白，坐地不起。吕夷简听说郭皇后误打宋仁宗之事，便让谏官范讽乘机进言，说："郭皇后被立已有九年，到现在还没有儿子，照理当废。"吕夷简自己则在一旁随声附和。阎文应更是劝宋仁宗把颈部被打的手印给大臣们观看。

但是废后毕竟是一件大事，大臣范仲淹等人都力谏郭后绝不可废，仁宗也犹豫不决。过了一段时间，宋仁宗在吕夷简不遗余力的劝说之下，终于打定了废后的决心。吕夷简为了达到废掉郭皇后的目的，竟然下令台谏部门不能接受谏官的奏疏。宋仁宗颁下了诏书，立刻传旨以郭后无子嗣为名废之，封为净妃、玉京冲妙仙师，居长乐宫，次年出居瑶华宫。郭皇后一废，宋仁宗就一心一意地昼夜与尚、杨两位美人厮混，上朝便神情恍惚，所答非所问。杨太后知道后大怒，逼着尚美人出家做了道姑，把杨美人安置到一个秘密的宅第。

不到一年，宫中走了三个人，仁宗顿感一片寂寥，食不甘味。他回首自己和郭氏的旧情，十分后悔，立刻想复立郭氏为皇后。阎文应听说之后，十分畏惧。因为当初如果不是他从中"美言"，郭皇后根本不会被废。如果复了郭氏为后，以郭后的性格自然不会饶了自己。郭氏在这个世上多待一日，自己的处境就危险一日，看来废了她皇后的位子还不是最好的方法，最好的办法是斩草除根，做事做绝。

恰好这时郭氏染了风寒，患了感冒。仁宗一听，十分着急，让阎文应传太医诊视。阎文应亲自去太医馆找一个平素熟识的太医。阎文应把太医带进自己的住处，把想要加害郭后的事说了出来，这位太医十分恐惧，但是阎文应软硬兼施，最后还是让他答应了，带着他去了瑶华宫。才过了几天，阎文应向仁宗禀告：“郭妃不幸暴崩！”

明朝末年，农民起义风起云涌。农民军首领张献忠所向披靡，把官军打得狼狈不堪。崇祯十一年（1638年），张献忠农民军遇到了前所未有的劲敌，那就是作风硬朗的明总兵左良玉。张献忠曾冒充官军的旗号奔袭南阳，被左良玉识破，大败，张献忠负伤退往湖北谷城。当时，因为兵力分散，各自为战，李自成、罗汝才、马守应等几支农民军也相继失利。张献忠被官军围困于谷城，孤军奋战，外部无救兵，内部粮饷已经严重不足，处境十分恶劣。

在这样的危急关头，张献忠得知陈洪范在熊文灿手下做总兵，大喜过望。陈洪范和张献忠相识，陈还救过张献忠，而熊文灿的拿手好戏是以抚代剿。张献忠决定利用明朝高叫“招抚”的机会，将计就计，暂时投降，以待时机。他立即派人携带重金去拜见陈洪范，表示自己愿意率部下归降，以报效救命之恩。陈洪范甚是高兴，上报熊文灿，“招安”了张献忠。

此后，张献忠的部队名义上已经是官军，但实际上却一直保持着独立自主的地位。熊文灿曾提出要把他的部队减为两万人，由明廷供饷，张献忠却说他的部队都是壮士，裁了可惜，他们愿意全军从征，请朝廷按10万人发饷。熊文灿无可奈何。张献忠加紧训练士兵，还把部队分屯于四郊，与老百姓混合居住在一起，借此控制了谷城全境。有人怀疑他还准备反叛，要熊文灿先下手为强，但熊文灿却一心想在“抚”字上见奇效，没有对张献忠采取行动。不料，等一切准备就绪之后，张献忠于次年就在谷城重举义旗，打得明朝官兵措手不及。

阎文应作为一名小官，和贵为皇后的郭后相斗，看上去无异于以卵击石，但最后却胜出了，说到底，是因为他心狠手辣。吕夷简还只是想到废了皇后就万事大吉，但是阎文应却知道斩草必须除根，否则等哪天又长起来，自己就只能任人宰割了；想要自保，就只有彻底消灭郭后。当然，他的出发点是为了一己之利，这是不宜提倡的。

从朝廷“招抚”的角度来考虑，就可以发现熊文灿，乃至整个明廷在对待“招抚”张献忠这件事情上的严重错误。从张献忠的角度来说，他暂时同意安抚，只是迫于时势的一个权宜之计而已。而从朝廷的角度来说，能够招抚那些反对朝廷的“流贼”自然是最好，但是千万不能轻信对方的承诺，在不能确信对方是真心“投诚”之前，绝对不能掉以轻心。如果对方还有反叛之心，最好的办法是彻底加以降伏，否则，到手的胜利就成败局了。

第三章

亮出你的铜墙铁壁，别让诡计有可乘之机

经常恭维你的，多数是你的敌人

朋友之间相互欣赏，可能会时不时地说出几句赞美的话，但是那些经常用好听的话恭维你的人，背后往往是一颗不怀好意的心。对此你一定要小心，否则会在不经意之间被其所伤。须知，明辨别人的恭维，才能躲过明枪暗箭的攻击。

饥饿的狮子看到肥壮的公牛在地里吃草。

“要是公牛没有角就好了，”狮子馋涎欲滴地想，“那我就能很快地把它制服了。可它长了角，能刺穿我的胸膛。”

后来，狮子想了个主意。它鬼鬼祟祟地侧着身子走到公牛身旁，十分友好地说：“我真羡慕你，公牛先生。你的头多么漂亮呀，你的肩多么宽阔、多么结实呀！你的腿和蹄多么有力量呀！不过，美中不足的就是有两只角，我不明白你怎么受得了这两只角，这两只角一定叫你十分头痛，而且也使你的外貌受到损害，不是吗？”

公牛说：“你这样认为吗？我从来没有想过这一点。不过，经你这么一提，这两只角确实显得碍事，还有损我的外貌。”

狮子溜走了，躲在树后面看着。公牛等到狮子走远了，就把自己的脑袋往石头上猛撞。一只角先撞碎了，接着另一只角也碎了，公牛的头随之变得平整光秃了。

“哈哈！”狮子大吼一声，跳出来大声说道：“现在我可以摆平你了。多谢你把两只角都撞掉了，我之前没有攻击你，正是这两只角妨碍了我啊！”

每个人都爱听恭维话，这是人的共性，也是人的弱点。听到别人的赞美与恭维，许多人都会沾沾自喜，甚至会飘飘然。然而，许多人只顾得自我陶醉，并没有弄清对方赞美的真正含义。发自内心的真诚赞美是对方对你敬佩之情的自然流露，对此要表示真心的感谢；无关痛痒的客套话可一笑了之；裹着糖衣的不怀好意的恭维，其背后隐藏着不可告人的目的，对此一定要辨识清楚，以免被笑容背后的毒刺所伤。

憨厚的公牛没有抵御住狮子糖衣炮弹的攻击，把狮子别有用心的赞美当成是对它的欣赏，迫不及待地把角撞碎了，以迎合狮子所说的美，最终却命丧狮口。对于心里不设防的人来说，美丽的语言可能比凌厉的攻击更有威力。公牛在夸赞声中兴奋得丢掉了自我，落入了狮子设下的陷阱中。

人贵有自知之明。对于别人的赞美，我们要有清楚的分辨能力，不要为虚伪的客套话所迷惑，这是一种欺骗。当别人赞美自己的时候，切不可只开放自己的耳朵却关上了理智的大脑。别人的恭维只是绽放的焰火，焰火渐渐熄灭的时候，我们的心要归于平静。铸就抵制花言巧语的盾牌，才能不被坏人所利用。

别人的花言巧语和满脸堆笑或许暗藏杀机

很多时候，生活并不如看见的那样风平浪静。很多人在表面上微笑和善，但暗地里却在谋划自己的事情。就像《孙子兵法》中写道："信而安之，阴以图之；备而后动，勿使有变。刚中柔外也。"全句意为：表面上要做得使敌人深信不疑，从而使其安下心来，丧失警惕；暗地里我方却另有图谋。要做好充分准备，然后再采取行动，不要使得敌方发生意外的变故。这就是外表上柔和，骨子里却要刚强的谋略。

所以，花言巧语、满脸堆笑地对人，极有可能是内藏杀机的外在表露。说得好听，唱得好听，一切都未必出自真心。或许，他们正在计划怎样害你。外表看来显得很温和谦恭，面带微笑，很是大度，但实际上并非如此，其中有气量狭小的，有喜欢猜忌的，有阴险狠毒的。总之，有些人利用此计，目的是想让对手服从自己，在自己设计好的圈套里行事，以此达到自己繁荣昌盛、发财的真正企图和目的。

春秋时代，郑卫公打算吞并胡国（在今安徽省），但他军事装备差，条件有限，不敢直攻，就把自己漂亮的女儿嫁给了胡国国君为妻。这样，郑胡二国联姻，结成了亲家。这仅仅是开头。为了进一步使胡国丧失警惕，制造假象，郑卫公召集大臣商议，他问："我打算用兵兴国，你们看，攻打哪个国家最有利？"大臣们纷纷发表议论。关其思坦率地说："依愚之见，攻打胡国最合适！"

卫公一听，马上脸色一沉，愤怒地说：“啊！你居然建议向已经同我结亲的兄弟国家胡国动武，这是什么意思？”于是就把关其思给杀了。胡国国君知道此事后，认为郑国对自己非常亲善友好，就再也不对郑国有什么戒心了。可是，就在此后不久，郑国对胡国发动了突然袭击，胡国警戒很松，没有做什么抵抗，就被灭掉了。很长一段时间里，郑国都是势力强盛的国家，直到公元前375年才被韩国灭掉。

不难看出，“笑里藏刀”的特点是，以表面上的友好、善良和美丽的言辞、举止作为假象，掩盖阴险毒辣的用心和企图。

传说在楚王身边，也发生了一个类似的故事。

魏王送给楚王一位美人，楚王非常宠爱。楚王的夫人郑袖知道楚王喜欢这位新来的美人，于是也装出十分喜爱这位美人的样子，待她犹如亲姐妹。无论是衣服玩物、居室卧具，都选最好的给她，甚至有时还表现出爱她胜过爱楚王的意思。

看到这些，楚王对郑袖非常满意，他高兴地说：“妇女侍候丈夫，是靠美色，有时妒忌，是因为爱情。现在郑袖知道寡人喜欢美人，于是爱她还胜过爱我，犹如孝子之所以事亲，忠臣之所以事君啊！”

郑袖一看时机已到，有一天便以很体贴关怀的口吻对那位美人说：“大王对你的美赞叹不已，但有一点美中不足的是，他觉得你的鼻子不太漂亮。如果你以后和大王在一起时，略微掩饰一下子就好了。”

于是，这位美人听从了郑袖的建议，每次一见到楚王，便用袖子掩住自己的鼻子。

楚王觉得奇怪，便问郑袖说：“美人为什么见到我，总爱掩住鼻子呢？”

郑袖面有难色地说：“我知道其中的原因，但是，我不能说出来。”

楚王更加迷惑：“有什么事，居然连我都不想告诉？”

郑袖故意压低嗓子，凑近楚王说：“她是讨厌大王身上的臭味。”

楚王一听，气得七窍生烟：“太可恨了，把她的鼻子割掉，我不想再见到她了！”

可怜这位美人，至死都没有明白她遭此厄运的原因，是那位待自己亲如姐妹的郑袖的妒忌所致。最可怕的人，并不是面目凶恶的人，而是那些笑里藏刀的人，平时和你“甜哥哥”“亲姐姐”地叫着，待到你放松戒备的时候，就在暗处狠狠地捅你一刀。

不识诡诈，必陷入他人的奸谋

俗话说“兵不厌诈”，是指作战时尽可能地用假象迷惑敌人以取得胜利。在现实生活中，不但要懂得“诈”，更要慧眼识“诈”，讨厌诡诈而本本分分行事，固然是君子本色，然而不识诡诈陷入别人的奸谋中，也是要被世人耻笑的。

和士开是北齐世祖高湛的宠臣，他为人奸佞狡诈，引导高湛日日纵酒淫乐，不理国事。和士开自己得以从中揽权纳贿，结党营私。他又和皇后胡氏私通，举国皆知，高湛却不以为意，对他宠信如故。

高湛死后，幼主即位，已成太后的胡氏临朝执政。久已不满和士开专权乱政、秽乱宫廷的亲王重臣集体发难，要求把和士开逐出朝廷，贬到外省为官。

胡太后不听，亲王大臣们也坚持不退，双方各不相让。第二天，亲王大臣们又到朝中要求太后贬逐和士开，态度更为坚决。

胡太后无奈，只好任命和士开为兖州刺史，等葬完齐世祖高湛后就让他去上任。

亲王大臣们一等丧事完毕，就督促和士开上路。胡太后舍不得和士开离去，要留他等过了百日再走，亲王大臣们坚决不允许，胡太后也只得命和士开上路。

和士开知道一离开朝廷就永无回头之日了，说不定半路上这些人就逼着太后下诏处死自己，一时间忧惧万分。他想了一夜终于有了办法。

和士开用车拉着四名美女和一副珍珠帘子去拜访娄定远。这娄定远也是极力主张驱逐和士开的大臣之一。

和士开见到娄定远，故意装出诚惶诚恐的样子，流泪说："诸位权贵要杀士开，全靠大王保护之力，保全了我的性命，还任命为一州刺史。如今向您辞行，送上四名美女子、一副珠帘，聊表谢意。"

娄定远没想到无功却受禄，见到绝色美女和珍珠帘子，更是喜出望外，问和士开："你还想还朝吗？"

和士开说："我在朝内太不安全，如今能出外任职，实在是遂了心愿，不想再回朝中了，只请求大王保护士开，长久担任兖州刺史就心满意足了。"

娄定远以为和士开贿赂自己只是求自己保护他，便信了他的鬼话，满口答应。

和士开告辞，娄定远送他到门口，和士开说："我如今要到远方去了，希望能有机会觐见太后和皇上。"

娄定远知道和士开和太后的奸情，也没往深处想，以为和士开不过是想和太后叙叙旧情而已，也答应了下来。

在娄定远的安排下，和士开得以见到胡太后和齐后主。

和士开痛哭流涕地说："在群臣之中，先帝待臣最为恩厚。先帝忽然驾崩，臣惭愧不能追随先帝于地下。如今看朝中权贵的意思，并不只是要害臣，而是要剪除陛下的羽翼，然后行废立大事。臣远行之后，朝中必有大的变故，倘若太后和陛下有所不测，臣有什么面目见先帝于地下！"

胡太后、齐后主被他这一番危言吓得魂不附体，失声痛哭，胡太后便问和士开应当怎样对付。

和士开爬起身，掸掸衣服，笑道："臣在外固然没办法，如今臣已在宫中，需要的不过是几行诏书而已。"

胡太后、齐后主视他为救星，一切任他所为，和士开便草拟诏书，把娄定远贬为青州刺史，其他大臣也都贬逐得远远的，对亲王则下旨严词谴责。

亲王大臣们见和士开已和太后、皇上打成一片，知道大势已去，只有怅然喟叹而已。

一直带头坚持贬逐和士开的太尉、赵郡王高睿心有不甘，再次进宫找太后理论，被胡太后命卫士在宫中永巷内打杀。

娄定远此时才知上了和士开的当，只好把和士开送他的四名美女和珠帘都还给和士开，又把家里的珍宝拿出来贿赂他，这才免除后祸，真是“赔了夫人又折兵”。

和士开虽有智计，却已脱离权柄，胡太后和齐后主孤儿寡妇，心无主见，高睿等重臣借机切入其中，逼迫胡太后贬逐和士开，胡太后迫于众议，又自知声名不雅，只好忍痛从命。眼看大局已定，不料娄定远见利忘义，头脑简单，把大家冒万险、拼生死从和士开手中夺下的权柄又归还给他，不但自己遭殃，还连累赵郡王高睿白白断送了性命。利欲之害人每每如此。

其实权力和富贵都是双刃剑，控制得宜便身享荣华，控制不当便大祸立至，先前所拥有和享受的，也正是转头来毁掉自己的。但如果一开始能识破小人的权谋诡计，早日提防，便不会招致如此悲惨的结局。

免费的午餐里大多有“毒药”

世上没有免费的午餐，也没有白来的利益。任何抱着不劳而获、侥幸心理的人，都会被空幻的利益牵着鼻子走，最终陷入别人挖好的陷阱。

古时有个读书人叫张生，博学、口才极好，本来是可以有所作为的，但他很爱占小便宜，被一个骗子骗去了一大笔银子。张生自然又气又恨，想到各地去漫游，希望能抓住那个骗子。事有凑巧，忽然有一天，他在苏州的阊门碰上了那个骗子。不等他开口，骗子就盛情邀请他去饮酒，并且诚恳地向他道歉，说是上次很对不起，请他原谅。过了几天，骗子又跟张生商量说："我们这种人，银子一到手，马上就都花了，当然也没有钱还给你。不过我有个办法，我最近一直在冒充三清观的炼丹道士。东山有一个大富户，和我已经说好了，等我的老师一来，就主持炼丹之事，可我的老师一时半会儿又来不了。你要是肯屈尊，权且当一回我的老师。从那富户身上取来银子，我们对半分，作为我对你的赔偿，而且还能让你多赚一笔，怎么样？"张生听说有好处，就答应了那个骗子的要求。于是这个骗子就让张生伪装成道士，自己伪装成学生，用对待老师的礼节对待张生。那个大户与扮成道士的张生交谈之后，深为信服。两个人每天只管交谈，而把炼丹的事交给了骗子。大户觉得既然有师父在，徒弟还能跑了？不想，那个骗子看时机成熟，就携大户的银子跑了。于是大户抓住"老师"不放，要到官府去告他。倒霉的张生大哭，然而等待着他的，却是一场牢狱之灾。

张生是那种一有好处便昏了头脑的人，甚至连多考虑一下也等不及，便答应了骗子的要求，竟然为了一点钱财与骗子一起干起行骗的勾当。他没有想到，骗子许下的承诺根本不可能兑现。

抱着侥幸心理，企盼拥有免费的午餐，就会像张生一样被人利用，无法脱身。

我们应该在诱人的利益面前，低声问问自己："这种好事怎么会落在我头上？"多一分小心谨慎，才能少一些危险和磨难。

凡事有利必有害，而"免费的午餐"背后更可能隐藏着大害。自古至今，只有能明是非、辨利害的人，才能不身受其害。

听到"一见如故"，就要提高警惕保持距离

一见如故固然是幸运的，但是有的时候也是不幸的开始。

"一见如故"是很多初见面的人习惯使用的一句话，意思是：虽然是初次见面，可是彼此的感觉就好像已经认识很久了那般。

的确是有一见如故的情形发生，这是很难用科学来解释的现象，只能说这彼此一见如故的人上辈子有过约定！

能碰到一见如故的人是人生中的一种幸运，因为彼此可以少掉"试探"这个过程，而直接进到"交心"的层次。一见如故固然是幸运，但有时却也是不幸的开始。

人会呈现他的多面性。在不同的时空，善与恶会因不同的刺激而以不同的面貌出现。也就是说，本性属"恶"的人，在某些状况之下也会出现"善"的一面；本性属"善"的人，也会因为某些状况的引动、催化而出现"恶"的作为。而何时何地出现"善"与"恶"，甚至人们自己也无法预测及掌握。例如，一辈子循规

蹈矩的正人君子有可能因为一时缺钱而忽然浮现恶念，这是他过去所无法想象的事，但就是发生了，连他自己都感到不解。

因此，当一个人和你初见面，并且热情地说和你“一见如故”时，你可以不必拒绝他的热情，甚至也可回他一句“一见如故”！但你一定要理性地看待这句话，思索这句话的真正意义。因为这可能纯粹是一句客套话，也有可能是一颗裹上糖衣的毒药——他是要用温情来拉近和你的距离，好从你的身上获得某些利益。如果这是一句客套话，你的热切响应不但无法对对方产生效用，自己也会因为对方随之而来的冷淡而受伤；还有可能暴露了自己，反给有心人以可乘之机；而最有可能的是，你把对方吓跑了！如果对方真的另有所图，你的热切响应，正是自投罗网，结果也就不用多说了。

因此，当你听到“一见如故”这句话时，你应该：

——想想自己有没有因为这句话而兴奋、感动？如果有，那么就赶快浇熄、扑灭这些兴奋和感动，以免自作多情或自投罗网。

——如果对方的“一见如故”还有后续动作，你应该与之保持一种善意的距离。保持距离的目的是检验对方用心的真伪，以免自己受伤。

——如果对方和你彼此都“一见如故”，这是最危险的状况。你应该立刻后退，以免引火自焚，或因太过接近而彼此伤害，葬送有可能好好发展的友情。如果“一见如故”只是对方一厢情愿，“话不投机半句多”，就不必花心思在这上面了！

当然，如果双方“一见如故”，也都理智地“各取所需”，那就另当别论了。

不过，有些人不说“一见如故”，却直接用行动表示，这种人你也应该和他保持距离。

你最应该提防的是，一见如故中，有心者常会掺杂很多奉承的语言，这很容易迷乱一个人的判断，也让人最难抗拒。因此，当听到这类话语时，你就要提高警觉了！

越是“热心”，越要防范

虎，乃山中之王，是肉食动物，当然也会吃人，可怕！可是比山中老虎更可怕的却是活生生地穿梭在人群之中的笑面虎。笑面虎，当面笑嘻嘻，对你“热心”备至，但背后落巨石，口蜜腹剑，两面三刀，阴险奸诈，吃肉不吐骨头，哄得别人团团转，给别人下毒药，别人还以为是蜜糖而感激涕零。

口蜜感人，这是那笑面虎在人面前惯用的招数。腹剑伤人，这是那笑面虎在人后面惯用的伎俩。

而说到“两面三刀”，我国古典名著《红楼梦》中佣人兴儿向尤二姐描述王熙凤的为人做派时，就用了“两面三刀”来形容。

贾琏瞒着妻子王熙凤和贾母等人，在外面偷偷地娶了尤二姐做小妾。本来，封建社会，像贾府这样的官宦人家，纳妾也要明媒正娶，不过王熙凤是个醋坛子，所以贾琏不敢把尤二姐带回府里来，只好在外边另买了一处宅子安置小老婆。

尤二姐的性格很随和，对待下人挺和气，所以佣人也敢在她这里说三道四。这天，尤二姐向兴儿问起有关贾府里的人和事。兴儿说到王熙凤，真是一肚子怨言。他说王熙凤对待佣人很刻薄，只会哄贾母和王夫人高兴，心里可是歹毒着呢。

尤二姐说："你背着她这么说话，将来背着我还不定说什么呢。"

兴儿听了这话，吓得连忙跪下，表白自己。他说，要是贾琏先娶了尤二姐这样的人做正房奶奶，就是佣人们的造化了，少挨打挨骂，做事也不用提心吊胆。跟随贾琏的几个佣人，都知道尤二姐体恤下人，争着到这里来专门伺候她。尤二姐叫兴儿别害怕，又说她还要进府去见王熙凤呢。兴儿连忙摆手："奶奶您千万别去，最好一辈子不见她。那个人嘴甜心苦，两面三刀，上头一脸笑，脚下使绊子，明是一盆火，暗是一把刀，都占全了。像奶奶这样斯文善良的人，根本不是她的对手。"

兴儿这番话，把王熙凤当面是人，背后是鬼的嘴脸，惟妙惟肖地勾画出来了。后来王熙凤对待尤二姐时当面极尽热心，可最后却将其逼死，也是证实了这种两面三刀之人对你的热心是最不可信的。

现实生活中就有许多这样的人，当面一套，对你极尽奉承热情，背后一套，挑拨离间，无事生非。当然，那些人之所以会选择"两面三刀"的活法，自然是有自己的目的，或为色或为利，也或为权。从古到今，权力始终是人们追逐的目标。这个有着无穷魅力的东西，吸引着很多人的目光。但追求的方式却是有所不同：有人是赤裸裸地无所顾忌，有人是犹抱琵琶半遮面的羞答答，有人是吃不着葡萄说其酸——真给了他，立刻可以飞上了天。

“笑面虎”在追逐权力的路途中，笑脸对待眼前的所有人，然而转过身去，就可能对刚刚笑对的人大骂几句，或者是一旦权力到手，就会对以前的所谓“故人”“恩人”等“严肃”对待。看清了、看透了这些笑脸表象之下的丑恶，我们就应该对那些“皮笑肉不笑”的人有一定的提防之心，越是热心相待，越是要提防他们的“阴谋”，不能被眼前看到的所蒙蔽。最好能够做到以旁观者的身份坐看那些“小鬼儿们”表演。

记住，在你相信一个人之前，要学会对他进行全面的观察和考验，不要一味地做出“看他那样面善，看他那样热心，一定是个好人”的评判。很多人都有私心，你无法阻止他们可能用假意的热心来欺骗你的善心，否则吃亏受骗的必然是你自己。

学会对朋友义气说“不”

卡耐基曾经说过：“和别人相处要学的第一件事，就是对于他们寻求快乐的特别方式不要加以干涉，如果这些方式并没有强烈地妨碍我们的话。”

的确，朋友之间，难免相互帮忙，也正因为如此，我们之间的联系才会更紧密。但是，这种帮忙总是要在合理的道德范围内，如果朋友相托相求的事情常常超出原则范围和客观事实，甚至超过你的主观承受能力，违背你的主观意愿时，你不能因为所谓的“哥们义气”违心帮助他人，而是要斩钉截铁地拒绝。否则，不仅会害了自己，还会连累亲人。

2011 年 11 月 30 日，安徽阜阳男子付某在瓯海区潘桥街道开了一家小商店，为了吸引人气，付某还特地购买了一张麻将机摆在商店里，供客人玩。因为刚开业，很多老乡、朋友都过来捧场，平时商店里也是热闹红火。老乡、朋友聚在一起玩麻将玩了一个多星期后，就利用付某的这张麻将机玩起了牌九。

付某知道在自己的店里赌博是违法的事情，就想上去制止，但一伙朋友、老乡都说赌得很小的，没关系的。付某看朋友、老乡都是过来给自己捧场的，也就不好意思继续开口阻止了。自从玩起了牌九后，赌注就止不住地从刚开始的一块钱迅速飙升到几十块钱。随后的几天里，来玩牌九的人越来越多，押注也越来越大，付某也开始担心这样下去肯定会出什么事情。

但又碍于朋友面子，付某始终没能鼓起勇气跟这伙朋友、老乡说“不”，没有果断地去阻止他们。再加上每次庄家赢了钱后，都会分些钱给付某，付某也就彻底“豁”出去了。随着来玩牌九的人数不断增多，付某的商店里也开始从原先的一天一场变成了后来的一天三场，上午、下午和晚上各一场，每天付某都能从庄家赢来的钱里分到数百元。

瓯海公安分局潘桥派出所获知付某的商店内有赌博行为后，于近日对该窝点进行了围捕，现场抓获涉嫌赌博的违法人员二十多人，并予以了治安处罚。而付某则因为涉嫌开设赌场罪，于当日被瓯海警方依法刑事拘留。付某就因为碍于朋友面子，不好意思跟朋友说“不”，将自己送入了班房。朋友之交在于“义气”，但讲“义气”也是有原则和前提的。

如果这“义气”是行侠仗义，弘扬正气，那这“义气”二字就坦荡荡。但如果被“义气”二字所利用，什么事都不好意思跟朋友说“不”字，搭上了违法犯罪的事情，那就讲的不是“义气”，而是狼狈为奸了。

发现违法犯罪行为，应该敢于说“不”，并向公安机关报警，因为大是大非的问题已经超过了我们的那点友谊。当然，如果是一般朋友向我们提出不合自己的心意的要求，我们拒绝对方不是一件难事。但是，当关系很密切的好朋友向你提出过分的要求，而你又无法满足对方时，你就会感到左右为难，处在一个进退维谷的尴尬境地。这时候，你需要对“症”拒绝，情况不同，方法也就不同。

小雪和晓惠是多年的好朋友，大学毕业后，小雪在一家很有威望的大企业就职于人事部门，而晓惠一直没有找到称心如意的工作。这天晓惠跟小雪聊天时，小雪说他们那儿现在正招人呢，而且待遇还挺不错的。晓惠想去试试，让小雪跟人事总监说一下。基于两个人关系的要好程度，帮忙也在情理之中。

但是，小雪只是人事部的一般干部，实在是力不从心，于是便对晓惠如实说道：“我虽在人事部门工作，但人微言轻。加之现在的人事决定权也主要看任职部门主管的意见，我最大努力也就是能让你过来面试，其他的忙帮不上了。”

就像小雪一样，对于好朋友提出的请求、条件、愿望我们无法满足时，我们最好的做法是果断干脆地拒绝对方的要求，或是告诉他自己最大能尽多大努力，千万不能直接答应，给对方太大希望，这样反而会让事情变得愈加复杂。当然，在你拒绝朋友的同时，一定要耐心、诚恳地向他解释清楚你所处的境地和要办成这件事所无法克服的困难，不要使对方心存幻想。

后来，晓惠在小雪的安排下去面试了，但由于专业不对口也没能去成。不过晓惠通过人才网还是找到了适合自己的工作。虽然小雪没能真正帮到她，但她深知小雪的苦衷，很能理解小雪，至今她们还保持着良好的友谊。在这里，小雪知道自己“能力”有限，便直接、爽快地告诉了晓惠，这既免去了一旦答应无法兑现的苦恼，也使朋友有机会另找门路。

试想，如果小雪不自量力地随便承诺晓惠，但结果出现事与愿违的情况时，晓惠就会觉得小雪根本无心帮自己忙，致使好朋友之间产生隔阂。拒绝朋友不要觉得面子上过不去，一味地犹豫和推诿，只能使朋友觉得有机可乘，还是有希望的，反而会造成麻烦。

做不到的事情干脆拒绝，当然拒绝也要讲究策略，不要态度生硬。在我们“拒绝”朋友的时候，陈述的依据一定不能是随意、敷衍的，那样的话朋友就会觉得你“关键时刻不帮忙”，对你产生抱怨和不信任之感。

我们可以耐心劝阻，言明利害关系，可以据实说明情况，使朋友了解你的难处，也可以迂回婉转处置，巧借其他方法帮助完成朋友委托之事。好朋友的交情不是一朝一夕所能建立的，它需要双方长期的理解、宽容、互助来共同维系，我们要珍惜它、爱护它。

而当朋友的请求严重违反原则或直接损害公众利益的要求时，我们必须旗帜鲜明地拒绝。用一个否定词“不”，果断回绝，固然也能表明态度；但是，在特殊的场合，这样拒绝显然会弄僵氛围，远不如采用似是而非的话，避实就虚地答复效果理想。因为害怕失去与同学、朋友之间的良好关系，虽然表面上我们是答应了他们的要求，可是实际上，在他们的内心会积累许多的怨气，而怨气的积累会让他们自己痛苦，带来很多负面的影响，使他们在人际交往中紧张、焦虑和恐惧。

真正的朋友是不会因为你拒绝了他而和你变得疏远的，你也可以通过这样的方式来看清一个人。而我们也要知道拒绝是一门艺术，也是一种自我保护的方法。学会拒绝，既可以保证自己的身心健康，又可以帮助自己加强同周围同学、朋友、亲人的团结。但是，学会拒绝不是说要拒绝所有，人是社会性的，生存在这个社会中，大家要互相帮助。乐于助人是一种美德，它与学会拒绝并不矛盾，相信大家一定会处理好这些关系，掌握拒绝的艺术。

第四章

我的人生需要指点，但拒绝指指点点

别太在意别人的眼光，那会抹杀你的光彩

在这个世界上，没有任何一个人可以让所有人都满意。跟着他人的眼光来去的人，会逐渐黯淡自己的光彩。

西莉亚自幼学习艺术体操，她身段匀称灵活。可是很不幸，一次意外事故导致她下肢严重受伤，一条腿留下后遗症，走路有一点跛。为此，她十分沮丧，甚至不敢走上街去。作为一种逃避，西莉亚搬到了约克郡乡下。

一天，小镇上的雷诺兹老师领着一个女孩来向西莉亚学跳苏格兰舞。在他们诚恳的请求下，西莉亚勉为其难地答应了。为了不让他们察觉自己残疾的腿，西莉亚特意提早坐在一把藤椅上。可那个女孩偏偏天生笨拙，连起码的乐感和节奏感都没有。当那个女孩再一次跳错时，西莉亚不由自主地站起来给她示范。西莉亚一转身，便敏感地看见那个女孩正盯着自己的腿，一副惊讶的神情。她忽然意识到，自己一直刻意掩盖的残疾在刚才的瞬间已暴露无遗。这时，一种自卑让她无端地恼怒起来，对那个女孩说了一些难听的话。西莉亚的行为伤害了女孩的自尊心，女孩难过地跑开了。

事后，西莉亚深感歉疚。过了两天，西莉亚亲自来到学校，

和雷诺兹老师一起等候那个女孩。西莉亚对那个女孩说："如果把你训练成一名专业舞者恐怕不容易，但我保证，你一定会成为一个不错的领舞者。"这一次，他们就在学校操场上跳，有不少学生好奇地围观。那个女孩笨手笨脚的舞姿不时招来同学的嘲笑，她满脸通红，不断犯错，每跳一步，都如芒刺在背。

西莉亚看在眼里，深深理解那种无奈的自卑感。她走过去，轻声对那个女孩说："假如一个舞者只盯着自己的脚，就无法享受跳舞的快乐，而且别人也会跟着注意你的脚，发现你的错误。现在你抬起头，面带微笑地跳完这支舞曲，别管舞步是不是错。"

说完，西莉亚和那个女孩面对面站好，朝雷诺兹老师示意了一下。悠扬的手风琴音乐响起，她们踏着拍子，欢快起舞。其实那个女孩的步伐还有些错误，而且动作不是很和谐。但意外的效果出现了——那些旁观的学生被她们脸上的微笑所感染，而不再关注舞蹈细节上的错误。后来，有越来越多的学生情不自禁地加入舞蹈中。大家尽情地跳啊跳啊，直到太阳下山。

生活在别人的眼光里，就会找不到自己的路。其实，每个人的眼光都不同。面对不同的几何图形，有人看出了圆的光滑无棱，有人看出了三角形的直线组成，有人看出了半圆的方圆兼济，有人看出了不对称图形特有的美……同是一个甜麦圈，悲观者看见一个空洞，乐观者却品尝到它的味道。同是交战赤壁，苏轼高歌"雄姿英发，羽扇纶巾，谈笑间樯橹灰飞烟灭"；杜牧却低吟"东风不与周郎便，铜雀春深锁二乔"。同是"谁解其中味"的《红楼梦》，有人听到了封建制度的丧钟，有人看见了宝黛的深情，有人悟到了曹雪芹的良苦用心，也有人只津津乐道于故事本身……

人生是一个多棱镜，总是以它变幻莫测的每一面反照生活中的每一个人。不必介意别人的流言蜚语，不必担心自我思维的偏差，坚信自己的眼睛、坚信自己的判断、执着自我的感悟，用敏锐的视线去审视这个世界，用心去聆听、抚摸这个多彩的人生，给自己一个富有个性的回答。

自己的人生无须浪费在别人的标准中

童话里的红舞鞋，漂亮、妖艳而充满诱惑，一旦穿上，便再也脱不下来。我们疯狂地转动舞步，一刻也停不下来，尽管内心充满疲惫和厌倦，脸上还得挂着幸福的微笑。当我们在众人的喝彩声中终于以一个优美的姿势为人生画上句号时，才发觉这一路的风光和掌声，带来的竟然只是说不出的空虚和疲惫。

人生来时双手空空，却要让其双拳紧握；而等到人死去时，却要让其双手摊开，偏不让其带走财富和名声……明白了这个道理，人就会对许多东西看淡。幸福的生活完全取决于自己内心的简约，而不在于你拥有多少外在的财富。

18 世纪法国有个哲学家叫戴维斯。有一天，朋友送他一件质地精良、做工考究、图案高雅的酒红色睡袍，戴维斯非常喜欢。可他穿着华贵的睡袍在家里踱来踱去，越踱越觉得家具不是破旧不堪，就是风格不对，地毯的针脚也粗得吓人。慢慢地，旧物件挨个儿更新，书房终于跟上了睡袍的档次。戴维斯穿着睡袍坐在帝王气十足的书房里，可他却觉得很不舒服，因为自己居然被一件睡袍胁迫了。

戴维斯被一件睡袍胁迫了，生活中的大多数人则是被过多的物质和外在的成功胁迫着。很多情况下，我们受内心深处支配欲和征服欲的驱使，自尊和虚荣不断膨胀，着了魔一般去同别人攀比。谁买了一双名牌皮鞋，谁添置了一套高档音响，谁交了一位漂亮女友，这些都会触动我们敏感的神经。一番折腾下来，尽管钱赚了不少，也终于博得别人羡慕的眼光，但除了在公众场合拥有一两点流光溢彩的光鲜和热闹以外，我们过得其实并没有别人想象的那么好。

如果不管自己究竟幸福不幸福，常常为了让别人觉得很幸福就很满足，人就会忽视了自己内心真正想要的是什么，常常被外在的事情所左右。别人的生活实际上与你无关，不论别人幸福与否都与你无关，而你却将自己的幸福建立在与别人比较的基础之上，或者建立在了别人的眼光中。幸福不是别人说出来的，而是自己感受的，人活着不是为别人，更多的是为自己而活。

《左邻右舍》中提到这样一个故事：说是男主人公的老婆看到邻居小马家卖了旧房子在闹市区买了新房，就眼红了，非要也在闹市选房子，并且偏偏要和小马住同一栋楼，而且一定要选比小马家房子大的那套。当邻居问起的时候，她很自豪地说："不大，一百多平方米，只比 304 室小马家大那么一点！"气得小马老婆灰头土脸的。过了几天，小马的老婆开始逼小马和她一起减肥，说是减肥之后，他们家房子的实际面积一定不会比男主人公家的小，男主人公又开始担心自己的老婆知道后会不会让他跟着一起减肥！

这个故事看起来虽然很好笑，但是却时常在我们的生活中发生，人将自己沉浸在了一个不断与人比较之中，被自己生活之外的东西所左右，岂不是很可悲？

一个人活在别人的标准和眼光之中是一种痛苦，更是一种悲哀。人生本就短暂，真正属于自己的快乐更是不多，为什么不能为了自己而完完全全、真真实实地活一次？为什么不能让自己脱离总是建立在别人基础上的参照系？如果我们把追求外在的成功或者"过得比别人好"作为人生的终极目标的时候，就会陷入物质欲望为我们设下的圈套而不能自拔。

不去和谁比较，只需做好自己

古语说："以铜为镜，可以正衣冠；以人为镜，可以明得失。"意思是说，每个人都是一面镜子，我们可以从别人身上发现自己，认识自己。然而，如果一个人总是拿别人当镜子，那么那个真实的自我就会逐渐迷失，这个人也难以发现自己的独特之处。

有这样一则寓言：有两只猫在屋顶上玩耍。一不小心，一只猫抱着另一只猫掉到了烟囱里。当两只猫同时从烟囱里爬出来的时候，一只猫的脸上沾满了黑灰，而另一只猫脸上却是干干净净。干净的猫看到满脸黑灰的猫，以为自己的脸也又脏又丑，便快步跑到河边，使劲地洗脸；而满脸黑灰的猫看见干净的猫，以为自己也是干干净净，就大摇大摆地走到街上，出尽洋相。寓言中的那两只猫实在可笑。它们都把对方的形象当成了自己的模样，其结果是无端的紧张和可笑的出丑。它们的可笑在于没有认真地观察自己是否被弄脏，而是急着看对方，把对方当成了自己的镜子。同样道理，不论是自满的人还是自卑的人，他们的问题都在于没有了解自己，没有形成对自身的清晰而准确的认识。

每个人都有自己的生活方式与态度，都有自己的评价标准，你可以参照别人的方式、方法、态度来确定自己采取的行动，但千万不能总拿别人当镜子。总拿别人做镜子，傻子会以为自己是天才，天才也许会把自己照成傻瓜。

乌比·戈德堡成长于环境复杂的纽约市切尔西劳工区。当时正是“嬉皮士”时代，她经常模仿流行趋势，身穿大喇叭裤，头顶阿福柔犬蓬蓬头，脸上涂满五颜六色的彩妆。为此，她常遭到住家附近人们的批评和议论。

一天晚上，乌比·戈德堡跟邻居友人约好一起去看电影。时间到了，她依然身穿扯烂的吊带裤、一件衬衫，头顶阿福柔犬蓬蓬头。当她出现在她朋友面前时，朋友看了她一眼，然后说：“你应该换一套衣服。”

“为什么？”她很困惑。

“你扮成这个样子，我才不要跟你出门。”

她怔住了：“要换你换。”

于是朋友转身就走了。

当她跟朋友说话时，她的母亲正好站在一旁。朋友走后，母亲走向她，对她说："你可以去换一套衣服，然后变得跟其他人一样。但你如果不想这么做，而且坚强到可以承受外界嘲笑，那就坚持你的想法。不过，你必须知道，你会因此引来批评，你的情况会很糟糕，因为与大众不同本来就不容易。"

乌比·戈德堡受到极大震撼。她忽然明白，当自己探索一个可以说是"另类"的存在方式时，没有人会给予鼓励和支持，哪怕只是一种理解。当她的朋友说"你得去换一套衣服"时，她的确陷入两难抉择：倘若今天为了朋友换衣服，日后还得为多少人换多少次衣服？她明白母亲已经看出她的决心，看出了女儿在向这类强大的同化压力说"不"，看出了女儿不愿为别人改变自己。

人们总喜欢评判一个人的外形，却不重视其内在。要想成为一个独立的个体，就要坚强到能承受这些批评。乌比·戈德堡的母亲的确是位伟大的母亲，她懂得告诉她的孩子一个处世的根本道理——拒绝改变并没有错，但是拒绝与大众一致却要走一条漫长而艰难的路。

乌比·戈德堡这一生始终都未摆脱"与众一致"的议题。她主演的《修女也疯狂》是一部经典影片，而其扮演的修女就是一个很另类的形象。当她成名后，也总听到人们说："她在这些场合为什么不穿高跟鞋，反而要穿红黄相间的快跑运动鞋？她为什么不穿洋装？她为什么跟我们不一样？"可是到头来，人们最终还是接受了她的与众不同，学着她的样子绑细辫子头，因为她是那么与众不同，那么魅力四射。

活在自己心里，而不是别人眼里

300多年前，建筑设计师克里斯托·莱伊恩受命设计了英国温泽市政府大厅，他运用工程力学的知识，依据自己多年的实践经验，巧妙地设计了只用一根柱子支撑的大厅。

一年后，市政府的权威人士在进行工程验收时，对此提出质疑，认为这太危险，并要求他再多加几根柱子。

莱伊恩非常苦恼，坚持自己的主张吧，他们会另找人修改设计；不坚持吧，又有违自己为人的准则。莱伊恩最后终于想出一条妙计，他在大厅里增加了4根柱子，但它们并未与天花板连接，只不过是装装样子，来瞒过那些自以为是的人。

300多年过去了，这个秘密始终没有被发现。直到有一年市政府准备修缮天花板时，才发现莱伊恩当年的“弄虚作假”。

故事告诉我们：只要坚持自己能做到最好，他人的议论、责备就无法左右你。每个人都有独一无二之处，你必须看到自身的价值。

在一次演讲中，一位著名的演说家没讲一句开场白，手里却高举着一张20元的钞票。面对台下的200多人，他问：“谁要这20元？”一只只手举了起来。他接着说：“我打算把20元送给你们中的一位，但在这之前，请准许我做一件事。”他说着将钞票揉成一团，然后问：“谁还要？”仍有人举起手来。

他又说：“那么，假如我这样做又会怎么样呢？”他把钞票扔到地上，又踏上一只脚，并且用脚踩它。然后他拾起钞票，钞票已变得又脏又皱。“现在谁还要？”还是有人举起手来。

“朋友们，你们已经上了一堂很有意义的课。无论我如何对待那张钞票，你们还是想要它，因为它并没有贬值，它依旧是20元。”

其实，我们每个人都是如此，无论命运如何捉弄我们，我们都有自己的价值。

遗传学家告诉我们：我们每一个人，都是从上亿个精子中跑得最快、最先抓住机遇和卵子结合而生的，是46对染色体相互结合的结果，23对来自父亲，另23对来自母亲。每个染色体都有上百万个遗传基因，每个基因都能改变你的生命。因此，形成你现在的模样的概率是30兆分之一，也就是说，纵使你有30兆个兄弟姐妹，他们还是同你有相异之处，你仍旧是独一无二的。

美国诗人惠特曼在诗中说：

我，我要比我想象的更大、更美

在我的，在我的体内

我竟不知道包含这么多美丽

这么多动人之处……

人是万物的灵长，是宇宙的精华，我们每个人都具有使自己生命产生价值的本能。创造有价值生命的本能是人体内的创造机能，它能创造人间的奇迹，也能创造一个最好的“自我”，关键是看你如何启用它。

美国哲学家爱默生说：“人的一生正如他一天中所设想的那样，你怎样想象，怎样期待，就有怎样的人生。”

不要太在意别人对你的看法，许多时候，我们太在意别人的感觉，因而在一片迷茫之中迷失自己。

随意地活着，你不一定很平凡，但刻意地活着，你一定会很痛苦，其实人活着的目的只有一个，那就是不辜负自己。

别人的眼光和议论，你不必太在意，我们又何必太在意那些属于我们生命以外的一些东西呢？我们所应牢牢把握的只是生命本身，如果我们一直活在别人的目光下，那么属于我们自己的生命还有多少呢？

有位名人曾经说过：“生命短促，没有时间可以浪费，一切随心才是应该努力去追求的，别人如何议论和看待我，便是那么无足轻重了。”

真正能够沉淀下来的，总是有分量的；浮在水面上的，毕竟是轻小的东西。且让我们在属于我们自己的人生道路上昂首挺胸地一步步走过，只要认为自己做得对，做得问心无愧，不必在意别人的看法，不必去理会别人如何议论自己的是非，把信心留给自己，做生活的强者，永远向着自己追求的目标，执着地走自己的路就对了！

莫尼卡·狄更斯二十几岁时虽然已是有作品出版的作家，可是仍然举止笨拙，常感自卑。她有点胖，不过并不显肥，但那已经使她觉得衣服穿在别人身上总是比较好看。她在赴宴会之前要打扮好几个小时，可是一走进宴会厅就会感到自己一团糟，总觉得人人都在对她评头论足，在心里嘲笑她。

有个晚上，莫尼卡忐忑不安地去赴一个不大认识的人的宴会，在门外碰见另一位年轻女士。

“你也是要进去的吗？”

“大概是吧，”她扮了个鬼脸，“我一直在附近徘徊，想鼓起勇气进去，可是我很害怕。我总是这样子的。”

“为什么？”莫尼卡在灯光照映的门阶上看看她，觉得她很好看，比自己好得多。“我也害怕得很。”莫尼卡坦言。她们都笑了，不再那么紧张。她们走向前面人声嘈杂、情况不可预知的地方。莫尼卡的保护心理油然而生。

“你没事吧？”她悄悄问道。这是她生平第一次心不在自己而在另一个人身上。这对她自己也有帮助，她们开始和别人谈话，莫尼卡开始觉得自己是这群人中的一员，不再是个局外人。

穿上大衣回家时，莫尼卡和她的新朋友谈起各自的感受。

“觉得怎么样？”

“我觉得比先前好。”莫尼卡说。

“我也如此，因为我们并不孤独。”

莫尼卡想：这句话说得真对！我以前觉得孤立，认为世界上其余的人都自信十足，可是如今遇到了一个和我同样自卑的人。迄今为止，我因为让不安全感吞噬了，根本不会去想别的，现在我得到了另一启示：会不会有很多人看来意兴高昂、谈笑风生，但实际上心中也忐忑不安？

莫尼卡撰稿的那家本地报馆，有位编辑总有些粗鲁无礼，问他问题，他只冷漠答复，莫尼卡觉得他的目光永不和自己的接触。她总觉得他不喜欢自己，现在，莫尼卡怀疑会不会是他怕自己不喜欢他？

第二天去报馆时，莫尼卡深吸一口气，对那位编辑说："你好，安德森先生，见到你真高兴！"

莫尼卡微笑着抬头。以前，她习惯一面把稿子丢在他桌上，一面低声说道："我想你不会喜欢它。"这一次莫尼卡改口道："我真希望你喜欢这篇稿，大家都写得不好的时候，你的工作一定非常吃力。"

"的确吃力。"那位编辑叹了口气。莫尼卡没有像往常那样匆匆离去，她坐了下来。他们互相打量，莫尼卡发现他不是个咄咄逼人的特稿编辑，而是个头发半秃、其貌不扬、头大肩窄的男人，办公桌上摆着他妻儿的照片。莫尼卡问起他们，那位编辑露出了微笑，严峻而带点悲伤的他变得柔和起来。莫尼卡感到他们两个人都变得自在了。

后来，莫尼卡的写作生涯因战争而中断。她接受护士训练，再次因感觉到医院里的人个个称职，唯自己不然；她觉得自己手脚笨拙，学得慢，穿上制服看起来仍全无是处，引来许多病人抱怨。"她怎么会到这儿来的？"莫尼卡猜他们一定会这样想。

工作繁忙加上疲劳，使莫尼卡不再胡思乱想，也不再继续发胖。她开始感觉到与大家打成一片的喜悦，她是团队的一分子，大家需要她。她看到别人忍受痛苦，遭遇不幸，觉得他们的生命比自己的还重要。

“你做得不错。”护士长有一天对莫尼卡说。莫尼卡暗喜：她原来在称赞我！他们认为我一切没问题。莫尼卡忽然惊觉几星期来根本没有时间为自己是否称职而发愁担忧。

不要过分关心别人的想法。你过分关心“别人的想法”时，你太小心翼翼地想取悦别人时，你对别人其实是假想的不欢迎过分敏感时，你就会有过度的否定反馈、压抑以及不良的表现。最重要的是，你对别人的看法不必太在意。

把眼光盯住别人不放，以别人的方向为方向，总难超越别人。要想有成就，你得自己开路，而你所开的路是你自己的理想、见解与方式，所以是你所独有的。老子认为：“夫唯不争，故天下莫能与之争。”

美国有一位极令人敬佩的年轻女士，她的芳名是罗莎·帕克斯。1955年的一天，她在亚拉巴马州蒙哥马利市搭乘公车，理直气壮地不按该州法律规定给一个白人让座。她这个不服从的举动引起轩然大波，招来白人强烈的抨击，然而却也成为其他黑人效法的榜样，结果掀起了随后的民权运动，使美国人民的良知普遍觉醒，为平等、机会和正义重新界定出不分种族、信仰和性别的法律。罗莎·帕克斯当时拒绝让位，可曾想过自己会遭遇什么样的后果？

她是否有什么能够改变现有社会结构的高明计划？我们不知道，然而我们相信，她对这个社会抱有更高期许的决定，促使她采取这种大胆的行动。谁能想到这个弱女子的决定，却给后人带来如此深远的影响？

追随你的热情，追随你的心灵，唱出自己的声音，世界因你而精彩。

先爱自己，再爱别人

爱，首先从自己开始，只有学会爱自己，才能学会爱他人、爱世界。爱自己不是一种自私行为，我们这里所说的爱并不是虚荣、贪婪、傲慢、自命不凡，而是一种善待自己，对自己无条件接受的行为。

如果你能够认识到自己是一个有自尊心的综合体，如果你能够注意养生，保持自己的身心健康，那你就已经开始学会爱自己了。

我们应该懂得，我们有足够的理由爱自己：一是只有自己才是属于自己的；二是只有热爱自己，才能热爱他人，热爱世界。

我们没有蓝天的深邃，但可以有白云的飘逸；我们没有大海的辽阔，但可以有小溪的清澈；我们没有太阳的光耀，但可以有星星的闪烁；我们不能像苍鹰一样在高空翱翔，但可以像小鸟一样低飞。每个人都有自己的位置，每个人都能找到自己的位置。我们应该相信：正因为有了千千万万个“我”，世界才变得丰富多彩，生活才变得美好无比。

认认真真爱自己一回吧——这一回是一百年。

著名心理学家雅力逊指出，人要先爱自己才会懂得去爱别人。因为只有视自己为有价值、有清晰的自我形象的人，才会有安全感、有胆量去爱别人。

爱自己，或称自爱，是与自私、以自我为中心不同的一种状态。自私、以自我为中心是一切以私利为重，不但不替别人着想，更可能无视他人利益，为达到目的不择手段。爱自己，就要会照顾和保护自己、喜欢自己、欣赏自己的长处，同时也要接受自己的短处，从而努力完善自己。

在这种心态之下，我们会学会不少自处之道，更可活学活用于人际关系之中。在接受自己之后，便开始会有容人的雅量；在懂得欣赏自己之后，便会明白如何欣赏别人；在掌握保护自己的方法之后，亦会悟出“防人之心不可无，害人之心不可有”的道理，也许这就是推己及人的真谛。

一个不爱自己的人，是不会明白如何爱别人以及接纳别人的。因此，一切均得由爱自己开始。心理学家伯纳德博士说：“不爱自己的人会崇拜别人，但因为崇拜，会使别人看起来更加伟大而自己则更加渺小。他们羡慕别人，这种羡慕出自内心的不安全感——一种需要被填满的感觉。可是，这种人不会爱别人，因为爱别人就要肯定别人的存在与成长，他们自己都没有的东西，当然也不可能给予别人。”

每个人都有缺点，要想与人建立良好的人际关系，首先就必须接受并不完美的自己。谁都不可能十全十美，所以我们必须正视自己、接受自己、肯定自己、欣赏自己。

一个人如果不爱自己，当别人对他表示友善时，他会认为对方必定是有求于自己，或是对方一定也不怎么样，才会想要和自己为伍。这种人会不断地批评自己，从而使别人感到他有问题而尽量避开他；这种人越是害怕别人了解自己就会越不喜欢自己，所以在别人还没有拒绝之前，其下意识里就会先破坏别人对自己的好感。总之，不爱自己会导致各种问题的发生。当一个人觉得自己很差劲时，周围的人也会跟着遭殃。

因此，在开始爱别人之前，必须先爱自己。世界就像一面镜子，人与人之间的问题大多是我们与自己之间问题的折射。因此，我们不需要去努力改变别人，只要适当转变一下自己的思想，人际关系就会有所改善。

向干涉自己生活方式的人说“不”

能在生活中有资格对我们品头论足，进行种种干涉，也许是家人的“特权”。虽说血浓于水，但是来自和亲人之间的冲突却是伴随着我们从小到大的生活。

小许是一个刚刚工作两年的年轻人，他和父母一起住。表面上看他有学历、有工作，家庭也不错，可是他却有着不为人知的烦恼：

我从小学到大学，父亲都会到老师办公室里央求班主任多照顾我。现在我已经工作了，他就跑到单位去和领导讲同样的话，还经常当着我的面。过去上学的时候，有同学一说“你爸又来了”，我就觉得很没面子。现在面对的都是同事，我简直觉得我无地自容，因为这让别人觉得我是不是哪里有毛病必须得家长出面。现在我都二十多岁了，其实身边连一个知心朋友也没有，业余时间没有人跟我一起玩，我干什么都只能独来独往。就是因为大家觉得我太特殊了，谁也不想跟我走得太近。每次父亲谈这个事的时候，他还一脸无辜，说“这都是为了你好”。这一句“这都是为了你好”似乎能成为父母无下限、无理由干涉子女生活的全部理由，可是现在看看我是什么样子？这真的是为了我好吗？他们到底想干什么？

我们都有这样的经历：从小到大什么都是父母安排，什么事都要完全按照父母的意愿去做。我们不想让父母伤心，可是又不愿意听从他们的安排做自己不喜欢的事情，谈判也没用，争吵也没用，似乎就得一方迁就一方，一方用自己的牺牲来屈就另一方。

应该要怎么办，才能摆脱父母的干涉呢？对于每个父母来说，干涉的产生，往往是因为太强烈的爱，希望能够把自己最好的经验传授给孩子，这样孩子就不会走弯路，也不会受到伤害。然而，这只不过是父母的美好愿望，和所有过于理想的愿望一样，它们都带有太多不现实的色彩。因为如果想要真正成熟起来，我们必须经历伤痛，并培养出从伤痛中走出来的能力，这样才可以看见雨后的彩虹，领悟人生的真味。而永远不受伤害是几乎不可能的，这样的人只能永远是一个婴孩。

为了父母好心的错误就允许他们不加限制地干涉，这真的是正确的吗？表面上看，这可以换来父母的满意，但是时间长了，一个人的反抗意识只会愈加强烈，早晚会和父母发生更严重的冲突。就算是毫无反抗意识完全依赖父母的人，也会因为缺乏实践锻炼的能力成为一个“废人”，成为父母的心病。只有真的成长起来，成为一个能够通过自己的努力把自己的生活过好的人，就算在选择的最初和父母会发生冲突，但是长远来看也是正常的和值得的。

曾经有一个北大的毕业生，没有按照父母的期望成为一个高级白领，而是毅然决然地回家养猪创业。父母当时都反对他回家养猪，认为自己花了这么多年辛辛苦苦培养出一个北大毕业生，现在却干起农民才干的事情，这简直就是上天跟他们开的一个玩笑。但是这个北大毕业生力排众议，坚持不懈地努力，结果成为了当地市场最成功的养猪专业户。他的收入比当白领高出好几倍。当看到他的成绩的时候，当安享着儿子给自己带来的富裕生活的时候，父母便欣然接受并且觉得自豪了。

当亲人干涉我们的生活和选择的时候，陷入争论是无效的，最好的方式是自己用实际行动去努力和争取，做出成绩和贡献来，等到那一天，家人的态度自然会转变。所以，一切只能靠自己的实力来证明，只有自身强大了，说话才会有分量，这在很多地方都是通用的。

另外一个会遭遇到干涉的情况就是来源于我们的恋人了。

甜甜说："我男朋友人很好，对我也很关心，基本各个方面都比较符合我的要求，于是我们确定了恋爱关系。

"可是随着了解的加深，他的缺点就开始显现。他是一个非常有控制欲、自大、自私、大男子主义的人，这让我觉得非常不舒服。一开始他对我的衣着进行评价，强烈要求我按照他的标准来打扮。开始的时候我也听了，觉得这是他在乎我的表现。可是接下来他的一些行为让我觉得他根本就不尊重我，我的事情在他的眼里都很不重要，我的感觉也似乎不值一提。比如我正在和朋友一起聚会，他就拉我立刻回去，丝毫不顾及我的感受。有个出差去外地的好机会，可以让我得到锻炼和业绩的提升，但是他也不允许。这些我都迁就了，但是我却发现越迁就问题越严重，他似乎觉得我很好欺负，变本加厉，我是不是该考虑分手呢？"

我们每一个人，都是一个独立的个体，都有自己独一无二的生活方式，任何人没有资格，更没有权利去干涉。甜甜正是因为在别人干涉自己、侵犯自己利益的时候没有引起足够的警觉，一味地退让反而让那些控制成瘾的人得寸进尺，对自己的生活和工作造成了严重的干扰。显然她不应该再拖下去了，果断地与对方摊牌交心才是上策。如果他能认识到问题的严重性并认真改正，可重归于好；否则就要果断分手。

当然，遵从自己内心的感受，才能活得自在、惬意一些。我们每个人都有自己独一无二的阅历，这就造就了独一无二的我们，进而产生了我们独一无二的生活方式，但是我们并不能因此想当然地以为自己对这个世界的理解才是正确的。我们每个人因为从小的生活环境不同，周围的人不同，以及成长过程中各种因素的作用，都会形成独特的生活方式和观念，或多或少大家可能有相似之处，但是不同的地方不要妄想对方完全地去适应你，为你改变。比如一起生活的夫妻，一个人的生活方式是下班以后出去逛街、唱歌和朋友聚聚，而另一个人的生活方式是下班直接回家做饭，享受家庭的温馨，这就是不同。

我们不能期望和要求别人都像我们的人生知己一样来了解和理解我们，但我们更应该拒绝那些借各种理由在我们波澜不惊的日子里无事生非，打着关心我们、爱我们的幌子来带给我们诸多不快和困扰的人。

不是吃的盐多就有指点别人人生的权利，别人有提建议的权利，我们自己却掌握着做决定的权利。我们不能堵住别人的嘴，却可以掌控自己的脑和心。

他人只是看客，不要把命运寄托于人

“要做自己生命的主人”“要自己掌握自己的命运”，其中的道理每个人都知道，但实际上，很多人却并没有真的做到。想一想，你有没有经历过下面的场景：你刚刚毕业，还没有找到工作，突然一个熟人很热情地给你介绍了一个工作，虽然这个工作并不符合你的专业方向，薪酬也并不合适，但因为不好意思推辞，就接受了。结果这个工作果然非常糟糕，最终你忍无可忍辞了职。

虽然这个工作浪费了你大量的精力和时间，但你却没人可埋怨，他人并不对你的人生负有责任，谁让你当初不好意思拒绝呢？

每个人的手掌上都有掌纹，有相信手相的人，总是喜欢从这几条掌纹中反复观察，希望能看出自己未来生命的路径。但是，当你把手展开，再握起拳头的时候，你的命运其实都只存在于你自己的手中。

我们习惯说“习惯决定性格，性格决定命运”，这句话有一定的道理。我们的人生之路看似有很多，但其实只有一条，除了现在的选择，你没法做别的选择。即使你做了一件很后悔的错事，但如果让你再重来一遍，我相信你还是会走到现在的位置上来。就像上学的时候做的考试题，我们总是在一个地方犯错误，因为“你”没有变，除非有一个很深的记忆让你改变了自己的思维，否则你永远会顺着原路一直走到死，这就是性格决定命运的原因。

一个印第安长老曾经说过一段话：“你靠什么谋生，我不感兴趣。我想知道你渴望什么，你是不是能跟痛苦共处；你是不是能从生命的所在找到你的源头；我也想要知道你是不是能跟失败共存；我还想要知道，当所有的一切都消逝时，是什么在你的内心支撑着你；我想要知道你是不是能跟你自己单独相处，你是不是真的喜欢做自己的伴侣，在空虚的时刻里。”自己就是自己最大的财富，不要怪别人没有给你机会，每个人的机会全部都是自己给的。

在第二次世界大战中，一位美国士兵肯尼斯不幸被俘，随后被送到一个集中营里。集中营恐怖的气氛无时无刻不在笼罩着他，在他精神几近崩溃的时候，他看到室友的枕头下有一本书，他翻读了几页，爱不释手。他以请求的语气问那个室友："可以借给我看吗？"答案当然是否定的，那本书的主人不大愿意借给他。

他继续请求："你借给我抄好吗？"这次，那位室友爽快地答应了他的要求。

肯尼斯一借过那本书，一刻也没有耽误，马上拿来稿纸抄写。他知道，在这个混乱的环境中，书随时有可能会被它的主人索回，他必须抓紧时间。在他夜以继日、不休不眠的努力下，书终于抄完了。就在他将书还回去的一个小时后，那个借给他书的室友被带到了另一个集中营。从此，他们再也没有见过面。

在这个集中营里，肯尼斯待了整整三年，而那本手抄的书也整整陪了他三年。每当他被恐惧与无望逼得发疯的时候，他都紧紧攥着那本书，用书中的道理鼓舞着自己，直到恢复自由。

有人总喜欢将自己的命运依附在其他人的身上，想靠别人的力量将自己拉出苦海，结果却往往事与愿违。因为不管是谁，都无法了解你的全部感觉，即使他们为你提供了机会，也未必是你想要的。

我们中有的人每天唱着《明日歌》浑浑噩噩，做任何事情都拖拖拉拉，末了找借口为自己推卸责任。这样的人最危险，因为拖拖拉拉就意味着事情的延误。对生命来说，延误是最具破坏性、最危险的恶习，延误不仅导致财力、物力和人力的损失，也浪费了宝贵的时间，丧失了完成工作的最好时机。而对个人来说，因为延误，你耽误了时机，结果失败了，打击了你的自信心，从此你也许会丧失主动做事的进取心。如果延误的恶习形成了习惯，你难以改变这种习惯，那你也终将一事无成。

有些人非常善于为自己的失败找到各种各样的理由，来解释自己为什么没有达到想要的目标。即使自己没完成，他们也会说："这个事情没那么简单，谁来做都不可能在这么短的时间内完成。"如果有人完成了，他们也会说："那只是他们运气好罢了。"他们习惯了为自己找借口。

如果你发觉自己经常因为做事延误而找借口，那么，你应该主动铲除身上这种坏毛病，好好检讨一下自己，别再拿那些借口为自己开脱。在没找到其他的办法之前，最好的办法就是立即行动起来，赶紧做你该做的事情。

时间是水，你就是水上的船，你怎样对待时间，时间就怎样沉浮你。将今天该做的事拖延到明天，即使到了明天也未必做好。做任何事情，应该当天的事情当日做完，如果不养成这种工作态度，你将与成功无缘。所以，正确的做事心态应该是：把握今天，展望明天，从我做起，从现在做起。谁也没有拯救你的权利和义务，不要将命运交托在其他人的手中。

一个勤奋的艺术家为了不让自己的每一个想法溜掉，当他的灵感来时，会立即把灵感记下来——哪怕是半夜三更，也会从床上爬起来，在自己的笔记本上把灵感给予他的启示记下来。优秀的艺术家老早就形成了这个习惯，他们知道灵感来之不易，来了如果白白溜走了，他们也许会遗憾终生。从我做起，从现在做起，就是叫你立即行动起来，不再延误，这是任何一个成功者的法宝。

也许你每天有很多期望，想做这件事，又想做那件事，比如你想和家人共度一个周末，又想构思下个季度的工作计划。或者你想好好地放松一下，好好地独处，又想参加朋友的聚会，沟通人际关系。结果，因为选择困难，什么也没有去做。

每一件事你只是在想，没有让自己去行动落实，结果，一拖再拖，所有想做的事情都延误了。为什么会这样？因为你没有养成从现在做起的习惯，你是一位伟大的空想家，不是行动家。真正做事的人就像比尔·盖茨说的那样："想做的事情，立刻去做！当'立刻去做'从潜意识中浮现时，就应该立即付诸行动。"

在古代有一个人，非常喜欢收藏古画，但他又非常懒，每次买完画之后总是懒得挂在墙上，而是都堆在地上，很快就落了一层灰尘。来他家里看画的朋友都劝他把画挂起来，他也想这样做，但是一想到得把它们除尘，又得固定，他就懒得动了，就放弃了这个念头。

直到有一天，天空突然下起了大雨。为了不让放在地上的画被水溅湿，他很不情愿地把画从满是尘土的墙角下取出来，然后抹去灰尘，钉上钉子，挂起来。忙完之后，当他惬意地坐在椅子上欣赏这些画时，他惊奇地发现，从清理到把画挂起来，前后总共才用了20分钟。他原来以为需要花费半天时间。

他想，早知道这样，还不如早点把它们挂起来！

就像你给朋友回信，如果某封信需要回复，在你看完信之后应该马上动手回信。如果延误，过了几天，可能需要回的信件不止一封。而且，当你决定回信时，你得一封一封重读一次，然后再回信。你看这样多费心，浪费多少时间，如果你当时读完立即回信，就省了好多事，这就是立即行动与延误的最大差别。

庄子在《逍遥游》中说过，人要无所侍，才能达到真正自由的境界，如果要依靠外力，就永远达不到真正的逍遥。有的事，如果你不做，没有人可以替你做，你的命运，如果你不想改变，没有人可以替你改变。如果你不想在此时付出努力，一味地跟从别人，或者不好意思拒绝别人的期望，就必然会在以后的某一时刻，付出更大的代价。

第五章

拒绝是一门艺术，掌握不惹恼对方的技巧

用故意错答拒绝陌生人的无理要求

错答是一种机警的口语表达技巧，既可用于严肃的口语交际场合，也可用于风趣的日常口语交际场合。错答的主要特点是不正面回答问话，但并不是反唇相讥，而是用话岔开对方所问的问题，做出与问话意思错位的回答。

有一位美丽的姑娘独自坐在酒吧里，从她的穿着来看，她一定来自一个富裕的家庭。其实这位姑娘在等一个好朋友，在没有见到朋友之前，她只想静静地一个人待着，可是一个又一个的男人前来与她搭讪。这位姑娘实在不想被打扰，但朋友还是没到。这时，又有一位青年男子走过来殷勤地问道："这儿还有人坐吗？"

"你说到哪个酒店去？我没听清楚。"姑娘大声说。

"不，不，你弄错了。我只是问这儿有其他人坐吗？"

"今夜就去？"姑娘尖声叫着，比刚才更激动。

这位青年男子被她弄得狼狈极了，赶紧到另一张桌子去了。许多顾客愤慨而轻蔑地看着他。

这就是很典型的错答，是用来排斥对方和躲闪的交际手段。当别人想邀请你做一件你不想做的事，你可以采取答非所问的方式，巧妙地暗示对方，你对他的邀请不感兴趣，他就会知趣而退。

装糊涂并不是真糊涂，而恰恰是一种高明的阴柔之道，它真正体现的是你的聪明与灵活。大致说来，运用答非所问的语言技巧时，需要注意以下几点：

第一，要注意对象和场合；

第二，使对方明白既是回答又不是回答，潜在语是不欢迎对方的问话；

第三，有时要利用问话的含混意思，答案虽模棱两可，似是而非，但对方也无法责怪你。

拒绝要选择适当的时机和场合

现实生活中，如果是朋友请你帮忙，你在拒绝时，除了要有充分的理由之外，还必须注意拒绝的时机和场合。从时机来说，拒绝要趁早，切忌不可一味拖延。

小姗逛街时，偶遇一位大姐。她是小姗从前的邻居，大姐拉着小姗的手问长问短，然后像发现了新大陆似的，指着她的脸说："年纪轻轻的，可不能光为了赚钱，忽略了对皮肤的保养。看你啊，眼角都有皱纹了，皮肤也没有光泽……"

大姐的一番话，让小姗感觉脸上火烧火燎的，恨不能一头扎进美容院，来个脱胎换骨。这时，大姐变魔术似的拿出一沓资料，笑眯眯地说："不如试试这个产品，效果特别好，现在搞活动，价格也优惠不少呢！"

再看看递过来的名片，小姗明白过来，原来这位大姐在搞化妆品推销。小姗本来对这些东西没兴趣，但碍于老邻居的面子，只好接过来，说要拿回去好好看看。

回到家，小姗把资料扔到一边，根本没放在心上。不料，第二天，这位大姐竟拿着两张碟片找到小姗的公司，小姗只好硬着头皮接下来。又过了几天，大姐再次打来电话问："怎么样，选好了吗？"

说实话，小姗根本没时间看碟片，花几千元买套化妆品，她的经济实力也负担不起。后来，她因挨不过大姐的催促，只好说："不好意思，我决定暂时不买。"结果这位大姐第二天就一脸阴沉地过来把碟片拿走了，好像小姗欠了她一大笔钱似的。

通常而言，拒绝的时间，一般是早拒比晚拒好，因为及早拒绝，可以让对方抓住时机争取别的出路。无目的的拖拉，则是一种不负责任的态度。

小姗在这件事上考虑到面子，没有及时拒绝，但后来却影响了自己与老邻居的关系。所以，在向熟人表示拒绝时一定要趁早，一味拖延，反而会使事情更糟，对方会觉得你连最基本的礼节都不懂。

很多人在拒绝对方的时候，因为感到不好意思，而不敢据实言明，支支吾吾，这样会使对方摸不清自己的真正意思，而产生许多不必要的误会。其实，在人际关系的交往中，不得不拒绝是常有的事情，因此搞坏交情的并不多；倒是有些人说话语意暧昧、模棱两可，容易引起对方误会，甚至导致关系破裂。

当然，不管你怎样"委婉"地及早拒绝，对方遭到拒绝总归是不愉快的。怎样才能使对方的这种不愉快减少到最低限度，或者反而使双方的关系更进一步呢？这就要求你的态度要诚恳，不要在公共场合当着其他人的面拒绝人。

拒绝他人的时候，一定要考虑周全，让对方不过于难堪。切不可不管不顾，在众人的面前直接拒绝对方的好意，这样会使对方伤得很深。尤其是拒绝熟人时，从时间来说最好趁早，从场合上来说，最好没有第三人在场，这样可以顾及被拒绝人的颜面和自尊，将伤害降到最低。

不失礼节地拒绝他人的不当请求

拒绝亲密之人的不当要求是一门学问，是一项应变的艺术。要想在拒绝时既消除了自己的尴尬，又不让对方无台阶可下，这就需要掌握一些巧妙的拒绝方法，比如：

1. 巧用反弹

别人以什么样的理由向你提出要求，你就用什么样的理由拒绝，这就是巧用反弹的方法。在《帕尔斯警长》这部电视剧中，帕尔斯警长的妻子出于对帕尔斯的前程和人身安全考虑，企图说服帕尔斯中止调查一位大人物虐杀自己妻子的案子。最后她说：“帕尔斯，请听我这个做妻子的一次吧。”他却回答说：“是的，这话很有道理，尤其是我的妻子这样劝我，我更应该慎重考虑。可是你不要忘记了这个坏蛋亲手杀死了他的妻子！”

2. 敷衍拒绝

敷衍式的拒绝是最常用的一种拒绝方法，敷衍是在不便明言回绝的情况下，含糊地回绝请托人。拒绝亲密之人的不当要求也可采用这一方法。运用这种方法时，也需对方有比较强的领悟能力，否则难以见效。具体采用这种方法时，我们可以运用推托其辞、答非所问、含糊拒绝等具体方式。

3. 巧妙转移

面对别人的要求，你不好正面拒绝时，可以采取迂回的战术，转移话题也好，另找理由也好，主要是利用语气的转折——绝不会答应，但也不致撕破脸。比如，先向对方表示同情或给予赞美，然后再提出理由，加以拒绝。由于先前对方在心理上已因为你的同情而对你产生好感，所以对于你的拒绝也能以“可以谅解”的态度接受。

总之，面对亲密之人提出的不当要求时，切忌直接拒绝，尽量使用间接拒绝的方法。从对方的立场出发，阐明自己的观点，就会使对方自然而然地接受了。

此外，拒绝别人时，也要有礼貌。任何人都不愿被拒绝，因为被别人拒绝，会感到失望和痛苦。当对方向自己提出不合理要求时，你可能感到气愤，甚至根本无法忍受，但你也要沉住气，你千万不可大发雷霆、出言不逊、恶语伤人。在拒绝对方时，更要表现出你的歉意，多给对方以安慰，多说几个“对不起”“请原谅”“不好意思”“您别生气”之类的话。由于你十分有礼貌，即使对方想无理取闹，也说不出什么，这样别人也会觉得你是一个彬彬有礼的人而愿意与你亲近。

拒绝求爱这样说

如果爱你的人正是你所爱的人，被爱是一种幸福。但是，假如爱你的人并不是你的意中人，或者你一点也不喜欢他（她），你就不会感觉被爱是一种幸福了，你可能会产生反感甚至痛苦，这份你并不需要的爱就成了你的精神负担。

别人爱你，向你求爱，他（她）并没有错；你不欢迎，你拒绝他（她）的爱，你也没错。最关键的是看你怎样拒绝。如果拒绝得恰到好处，对双方都是一种解脱，也可以免去许多麻烦；如果你不讲方式，不能恰到好处地拒绝别人的求爱，你就可能造成误解，不但伤害他人，说不定也会危害自己。

你也许曾经有过这样的左右为难，为了顾全对方的面子而难以开口说个“不”字，你不知所措。你被这份多余的爱折磨得痛苦不堪，不知该如何去做。生活中处在这种矛盾中的人太多了。有些人遇到这些情况时不知该如何拒绝，因处理不当，造成了很不好的后果。

那么该如何巧妙而不失体面地拒绝求爱呢？

首先要做到直言相告，以免产生误会，这是非常必要的。

你若已有意中人，又遇求爱者，那么就直接明确地告诉对方，你已有爱人，请他（她）另选别人，而且一定要表明你很爱自己的恋人。同时，切忌向求爱者炫耀自己恋人的优点、长处，以免伤害对方的自尊心。

倘若你认为自己年纪尚小，不想考虑个人问题，那正好，你可以直言不讳，讲明情况。

其次，倘若你不喜欢求爱者，根本没有建立爱情的基础，可以在尊重对方的基础上婉言谢绝。

对自尊心较强的男性和羞涩心理较重的女性，适合委婉、间接地拒绝。因为有这类心理的人，往往是克服了极大的心理障碍，鼓足勇气才说出自己的感情，一旦遭到断然的拒绝，很容易感到受了伤害，甚至痛不欲生，或者采取极端的手段，以平衡自己的感情创伤。因此拒绝他们的爱，态度一定要真诚，言语也要十分小心。你可以告诉他（她）你的感受，让他（她）明白你只把他（她）当朋友、当同事或者当兄妹看待，你希望你们的关系能保持在这一层面上，你不愿意伤害他（她），也不会对别人说出你们的秘密。

你不妨说："我觉得我们的性格差异太大，恐怕不合适。"

"你是个可爱的女孩，许多人喜欢你，你一定会找到合适的人。"

"你是个很好的男人，我很尊重你，我们能永远做朋友吗？"

"我父母不希望我这么早谈恋爱，我不想伤他们的心。"

如果这些自尊和羞涩感都挺重的人没有直接示爱，只是用言行含蓄地暗示他们的感情，那么你也可以采取同样的办法，用暗含拒绝的语言，用适当的冷淡或疏远来让他（她）明白你的心思。

要记住，拒绝别人时千万不要直接指出或攻击对方的缺点或弱点，因为你觉得是缺点或弱点的地方，对他（她）自己来说也许并不认为是缺点。所以，不能以一种“对方不如自己”的优越感来拒绝对方。特别是一些条件优越的女青年，更不能认为别人求爱是“癞蛤蟆想吃天鹅肉”而一推了之，或不屑一顾、态度生硬，让人难以接受。

不过，对于带有骚扰性的某些“求爱”方式，就不必手下留情，一定要果断出击。

如果你是一名美女，你难免会遇到“性骚扰”。随着开放程度的日益提高，女性走出家庭，与男子一样，在社会工作中担任着重要的角色，而且敢于展示自己的美，这就招来一些好色之徒，使他们有了非分之想。爱美之心人皆有之，但对美女的垂涎太过分，就成了“性骚扰”。女性遭到来自男性的性骚扰，如果太过软弱，就会使好色之徒得寸进尺；如果义正词严地怒目斥之，就可能陷入麻烦之中弄得自己不开心。比较聪明的办法是，以机智的讥讽言辞使其退却，这是一个两全其美的法子。

试看这位漂亮的少妇是如何抗拒性骚扰的。

一位生性风流的男子，看到了一位漂亮的少妇迎面走过来，便跟在她后面，寻找机会和她搭话，但因为不相识，不好开口。忽然瞥见她手上挎了个提包，于是找到了话题，他嬉皮笑脸地说：“请问，您这漂亮的小提包是从哪儿买的，我也想给我妻子买一个。”没想到这位少妇冷冷地说：“你妻子有这种包会倒霉的。”“为什么呀？”少妇幽默地回答说：“因为不三不四的男人会以提包为借口找她的麻烦。”

这位少妇看穿了这个风流男子的意图，但没有揭穿他，而是接过男子的话头，以嘲讽而幽默、机智的言辞给了他当头一棒。这个男子见难以得手，只得灰溜溜地逃之夭夭了。

年轻漂亮的女性，单身独处，往往容易受到骚扰。

一位年轻美貌的女子独自坐在酒吧里，被一个油头粉面的青年男子瞧见了，于是他走过来主动搭话："您好，小姐，我能为您要一杯咖啡吗？""你要到舞厅去吗？"她喊道。"不，不，您搞错了。我只是说，我能不能为您要一杯咖啡？"青年男子说。

"你说现在就去吗？"她尖声叫道，比刚才更激动了。

青年男子被她彻底搞糊涂了，红着脸悄悄地走到一个角落坐下。这时酒吧里几乎所有的人都把目光转向了他，愤慨地看着他。

过了一会儿，这位年轻女子走到他的桌子旁边。"真对不起，使你难堪了。"她说，"我只是想调查一下，看看他人对意外情况有什么异常反应。"

这位聪明女子的做法真让人叫绝，她故意装糊涂，大声叫嚷，引起别人注意，好色之徒只好灰溜溜地躲开了。

约会是男女开始真正意义上的恋爱的标志，所以，接受别人的约会请求也意味着接受别人的求爱。对于不愿意接受的示爱者，我们首先应该拒绝与其约会，不能因为一时心软而使对方误会，导致真正明确两个人关系时牵扯不清，给对方造成更大的伤害。拒绝约会应该有"快刀斩乱麻"的魄力，因为这不仅仅代表对一次约会的推搪，而且暗示着自己对对方的爱情的谢绝，这就要求我们一方面要把握说话的分寸，不伤害对方的感情，另一方面要表明心意，断绝对方再次邀请的念头。

找各种各样的借口来推搪约会，使对方体会到拒绝之意。

上课、加班、身体欠佳、天气不好……这些都可以成为拒绝约会的好借口。在搬出这些借口的同时，可以有意地露出破绽，让对方从借口的不严密性中明白是在有意敷衍。此外，也可以以委婉的方式暗示自己确实不愿意与对方交往。总之，借口不能找得太严密、太合乎情理，不要让对方误认为是客观原因导致不能赴约，从而把约会的时间推至以后，令自己再次处于被动局面。

张京对同事小洁暗恋已久，这天，他终于鼓起勇气约小洁出来看电影。小洁也觉察到了张京对自己的感情，无奈自己对他实在没有“触电”的感觉，于是对他说：“真是对不起。这段时间我正在上夜大的电脑培训班，每天晚上都有课。上完夜大后又要准备英语的等级考试，实在没有看电影的空闲时间。要不，你找刘伟吧，你们哥俩不是常在一起讨论好莱坞的影片吗？”张京听了，只好悻悻而归，从此再也没向小洁提出过约会的请求。

看一场电影只需要一两个小时的时间，如果小洁愿意接受张京的话，怎么也能抽出点时间来赴约，而她的推辞却根本没有流露出任何的遗憾和改日赴约的愿望。想清楚了这一点，张京自然明白小洁的拒绝之意，只得收回自己的感情。

暗示已经有了意中人，使对方知难而退。

由于约会是恋爱的前奏，当对方刚刚提出约会，尚未表露爱意时，可以“先发制人”，间接说明自己已经心有所属。对方听了之后，明白自己希望渺茫，自然不敢强求，有时甚至会为了避免尴尬，找理由取消此次约会。

郭建对新来的同事孙红一见钟情，星期五下午下班前，他打电话给孙红：“我听朋友说，这两天香山的枫叶红得最美，你有兴趣和我一起去看看吗？”孙红立刻明白了他的意思，于是笑着答道：“哎呀，真是不巧。明天恰好我男朋友的妈妈过生日，我要赶着去拜寿，要不我们改天再叫几个朋友一起去吧？”郭建听了，心里凉了半截，只得敷衍道：“那……那就以后再说吧！”

孙红以男朋友的母亲过生日为由，既推掉了郭建的邀请，又表明自己已“名花有主”。郭建只好识趣地知难而退，便不会再提出什么约会的邀请了。

无论如何，在爱情的历程中，当遇到不满意或不能接受的求爱时，最好采用恰当的语言，婉言拒绝，巧妙收场。

师出有名，给你做的每件事一个说法

很多时候，我们需要为自己所做的事找一个理由，这样，我们所做的事才更容易得到别人的认同。

做任何事情都要有正当的理由，至少是表面上的。古往今来，凡是成大事的人，都懂得为自己做的事找一个能够为人所接受的借口。

人与人交往，有时难免要借助善意的借口、美丽的谎言，因为这是关心对方、理解对方的一种表示，对人际关系的和谐大有裨益。如果我们懂得运用这种真诚和善意来处理相互间的关系，我们与他人的交往便更具艺术性。

戴尔·卡耐基在《人性的弱点》一书中，有这样一个例子：

一个妇女应老师的要求，回到家中请她的丈夫给自己列出 6 项缺点。本来，她丈夫可以给她列举出许多缺点，但是，他却没有这样做。而是借口说自己一时还很难想清楚，等次日想好后再告诉她。第二天，他一起床，便给花店打了一个电话，要求给他家送来 6 枝玫瑰花，并附了一张字条：“我想不出有哪 6 项缺点，我就喜欢你现在的样子。”结果，他妻子不仅非常感激他那善意的宽容，而且自觉、自愿地改正了以前的缺点。

日常交往中，我们每个人都在有意、无意地用着这样或那样的借口。比如，朋友来家做客，不小心打碎了茶杯，这时，你马上会说：“不要紧，你才打了一只，我爱人曾经打碎了三只。相比起来，你的战绩平平！”这种幽默的借口，既打破了尴尬的局面，也避免让对方陷入难堪的境地。

可见，在日常生活中，要处理好人与人之间的关系，做到善解人意、与人为善，有时就需要寻找合适的借口，因为这种善意的借口既能满足对方的自尊心，维护对方的颜面，又可以让自己摆脱不必要的尴尬和难堪。

回绝客户无理要求的话怎么说

客户是上帝，一个称职的服务行业的工作者或者是商务职员，都会涉及到对客户的服务、和客户的谈判等。

那是不是面对客户，就要有求必应呢？当然不是了，对于一些客户的无理要求，我们还是要学会拒绝的。

但是面对的毕竟是客户，要怎么委婉地表达自己的拒绝呢？

那么，我们应该怎样说好这个“不”呢？首先，在人际交际中，如遇到别人要求我们能力之外或我们不愿意做的事情时，应注意以下几点：

首先，在听到客户无理要求时，不要立马拒绝，这会让客户觉得你死板。

其次，不要轻易地拒绝。如果客户的要求不是太过分，或者是与工作无关的事情，而你又可以帮助到他，这个时候你就要衡量好了，也许你对别人的帮助，会让你多一个朋友。当然，前提是这件事是正当的事情。

另外，即使你听到了不合理的要求，很生气，也要控制自己的情绪，不要一怒之下说了不该说的话，就这样毁了一次合作，是不值得的。还有就是，拒绝别人的时候，态度要友好，让别人觉得你起码不是故意拒绝的。

最后，虽然在这件事上拒绝了别人，如果可以的话，可以在别的事情上给予一些自己力所能及的帮助。这是一种双方都比较理想的境界。

沟通里有一个漏斗原则，通常我们心里想的或许是100%，嘴里说出来的或许是80%，而别人听到的不会超过60%，听懂的或许仅为40%，可是他按照我们所讲的事情去做时也就只有20%了。所以自己所想的与最终对方根据我们的想法去做的，之间具有很大的差别。这便更需要通过有效的方法，将“不”字传达给相关人员。

我们在拒绝的同时，我们的情绪同时也代表着自己的内心世界，这个“不”字，如何将它传达给对方，我们的情绪是怎样的，都会给对方造成一定的影响。要将我们的拒绝信息传达给对方，并不能仅说一个“不”字，而应该将这一“不”字的过程及内容传达给他。

在职场上，一个好的领导，一个能干的人才，不轻易拒绝别人；即使拒绝，也要有替代，因为要懂得拒绝的艺术，下面这些方法是常用的：

谢绝法：“对不起，我觉得这样做不太合适，不好意思。”

婉拒法：“让我再考虑考虑吧。”

不卑不亢法：“我想我做这件事不太擅长，你还是找更懂这方面的人吧。”

幽默法：“我笨手笨脚的，别坏了你的事，去找更机灵的人吧。”

无言法：运用摆手、耸肩、皱眉、微笑摇头等身体语言和否定的表情来表示自己拒绝的态度。

缓冲法：“我想一下，过几天再给你答复好吗？”

回避法：“这件事以后有机会再说吧，我现在手里有比较急的事。”

严词拒绝法：“真的不行，你别劝我了，我做好的决定就不会轻易改变。”

借力法：“不信你可以问他，这件事我真帮不了你。”

自护法：“你为我想想，我怎么能去做没把握的事？你让我出洋相啊？”

人际应酬时，若能凡事多为他人着想，多给别人留一些尊严、一些体谅，少一点难堪，必能赢得别人长久的爱护。你所认识的每个人都可能会对你的人生有不同的影响，你所经历的每一件事情，都有可能改变你的人生。不要轻易拒绝，但也要学会拒绝。

在谈判过程里，我们一样也会拒绝对方所提的建议。怎样将拒绝的信息传递给对方，却不让对方感觉不舒服呢？开口表示拒绝时一定不要说抱歉，因为你不欠对方什么，而确实是从自身出发不能满足对方的要求，因此没有说抱歉的必要。

在表明意见及感受时，应该要做真诚的处理及有效的沟通。同样的“不”字，通过不同的方式传递给对方，最终的结果是不同的。

不过，很多事情都是说得容易做到难，因为拒绝比接受更难。尤其在职场中，很可能因此会得罪别人。一般来讲，我们所面临的请求可能来自部下、上级、同事，或公司以外人员。

这些请求可以大致分为 3 类：一是与职务有关责无旁贷的；二是虽然与职务有关，但是请求的内容不合时宜或不和情理；三是没有义务给予承诺的请求。而后两类都是不切实际的。当触及自身的合法权益，我们当然要勇敢地拒绝了。

这个时候，拒绝一定要清晰而坚定。不要因为对方的几句好话、软话，或者是听似危险不大的说辞所蒙蔽。因为，原则和底线是不能被打破的。

第六章

硬拒不如柔拒，回绝却不伤害对方

拖延、淡化，不伤其自尊地将其拒绝

一般人都不太好意思拒绝别人，但在很多情况下，我们为了避免多余的困扰，对一些不合理或不合自己心意的事有必要拒绝，但怎样做既不伤害对方自尊心又能达到拒绝的目的呢？当对方提出请求后，不必当场拒绝，你可以说："让我再考虑一下，明天答复你。"这样，既使你赢得了考虑如何答复的时间，也会使对方认为你是很认真对待这个请求的。

某单位一名职工找到上级要求调换工种。领导心里明白调不了，但他没有马上回答说"不可能"，而是说："这个问题涉及好几个人，我个人决定不了。我把你的要求报上去，让厂部讨论一下，过几天答复你，好吗？"

这样回答可让对方明白调工种不是件简单的事，这其中存在着两种可能，也使对方思想有所准备，比当场回绝效果要好得多。

一家汽车公司的销售主管在跟一个大买主谈生意时，这位买主突然要求看该汽车公司的成本分析数据，但这些数据是公司的绝密资料，是不能给外人看的。可如果不给这位大买主看，势必会影响两家和气，甚至会失掉这位大买主。这位销售主管并没有说"不，这不可能"之类的话，但他在话中婉转地说出了"不"。"这个……好吧，下次有机会我给你带来吧。"知趣的买主听过后便不会再来纠缠他了。

某位作家接到老朋友打来的电话，邀请他到某大学演讲，作家如此答复：“我非常高兴你能想到我，我将查看一下我的日程安排，我会回电话给你的。”

这样，即使作家表示不能到场的话，他也就有了充裕的时间去化解某些可能的内疚感，并使对方轻松、自在地接受。

陈涛夫妻俩下岗后，自谋职业，利用政府的优惠贷款开了一家日用品商店，两个人起早贪黑把这个商店办得红红火火，收入颇丰，生活自然有了起色。

陈涛的舅舅是个游手好闲的赌棍，经常把钱扔在麻将桌上，这段时间，手气不好又输了，他不服气，还想捞回本钱，又苦于没钱，就把眼睛瞄准了外甥的店铺。一日，这位舅舅来到了店里对陈涛说：“我最近想买辆摩托车，手头尚缺5000块钱，想在你这借点周转，过段时间就还。”——他也知道用模糊语言。

陈涛了解舅舅的嗜好，借给他钱，无疑是肉包子打狗，何况店里用钱也紧，就敷衍着说：“好！再过一段时间，等我有钱先把银行到期的贷款支付了，就给你，银行的钱可是拖不起的。”

舅舅听外甥这么说，没有办法，知趣地走了。

陈涛不说不借，也不说马上就借，而是说过一段时间，等支付银行贷款后再借。这话含多层意思：一是目前没有，现在不能借；二是我也不富有；三是过一段时间不是确指，到时借不借再说。

舅舅听后已经很明白了，但他并不心生怨恨，因为陈涛并没有说不借给他，只是过一段时间再说而已，给了他希望。

因此，处理事情时，巧妙地一带而过比正面拒绝有效，且不伤和气。

友善地说“不”，和和气气将其拒绝

业务员的销售技巧里有这么一招：从一开始就让顾客回答“是”，在回答几个肯定的问题之后，你再提出购买要求就比较容易成功。同理，当你一开始对自己说“我做不到”或“我不行”的时候，自己就陷入了否定自我的危机，然后就会因拒绝任何的挑战而失去信心。

当然，我们必须努力去做一个绝不说“不”的人，可是，当遇到别人不合理的请求时，我们是否也要委曲求全答应对方呢？

这个时候，你千万不要因为不能说“不”而轻易地答应任何事情，而应该视自己能力所及的范围，尽可能不要明明做不到，却不说，结果既造成了对方的困扰，又失去了别人对你的信任。

拒绝别人不是一件什么罪大恶极的事情，也不要把说“不”当成是要与人决裂。是否把“不”说出口，应该是在衡量了自己的能力之后，做出的明确回应。虽然说“不”难免会让对方生气，但与其答应了对方却做不到，还不如表明自己拒绝的原因，相信对方也会体谅你的立场。

不过，当你拒绝对方的请求时，切记不要咬牙切齿、绷着一张脸，而应该带着友善的表情来说“不”，才不会伤了彼此的和气。除了对别人该说“不”时就说“不”，同时对自己也要勇敢地说“不”。

很典型的就是美国电话及电报公司的创办者塞奥德·维尔，他经历过无数次失败之后，才学会了说“不”。

年轻时的他，无论做什么事都缺乏计划性，一事无成地虚度日子，连他的父母也对他感到失望，而他自己也陷入了绝望之中。

20岁那年，他离家独自谋生时，给自己写了一封信：“夜晚迟迟不睡，而玩球或者喝酒，这些事是年轻人不该做的，所以我决定戒除。但是对这决定我应该说什么呢？是不是还照旧说‘只这一次，下不为例’呢？还是‘从此绝不’了呢？以前已经反复过好几次了。”

维尔最大的野心是买皮毛衣及玛瑙戒指，虽然在当时不能说是太大的奢望，但对他来说是很难做到的。于是他无时不克制自己，以求事事三思而后行。这种坚决的克制态度，使得他由默默无闻的员工调升到铁路公司的总经理。

他向别人说“不”的同时，也要向自己说“不”，尤其是创立电话电报这样大型企业的时候，他时时刻刻地说“不”。正因为这样，他才能避免因采用一时冲动的手段而误了大事。

说“不”没什么开不了口的，只要理由站得住脚和对自己有益的，就请勇敢地向别人和自己说“不”吧。

先说让对方高兴的话题，再过渡到拒绝

对于他人的话，人们总是会表现出情感反应。如果先说让人高兴的话，即使马上接着说些使人生气的话，对方也能以欣然的表情继续听。利用这种方法，可以拒绝不受人喜欢的对象。

有一个乐师，被熟人邀请到某夜总会乐队工作。乐师嫌薪水低，打算立即拒绝，但想起以往受过对方照顾，他不便断然拒绝。他心生一计，先说些笑话，然后一本正经地说："如果能使夜总会生意兴隆，即使奉献生命，在下也在所不辞。"

此时夜总会老板自然还是一副笑脸，乐师抓住机会立刻板起面孔说："你觉得什么地方好笑？我知道你笑我，你看扁我，不尊重我，这次协议不用再提，再见！"

就这样，乐师假装生气，转身便走。老板却不知该如何应对他，虽生悔意，但为时已晚。

因此，面对不喜欢的对象，要出其不意地敲他一下，以便拒绝对方。若缺乏机会，不妨参照上例，制造机会，先使对方兴高采烈，然后趁对方缺乏心理准备，脸上仍在笑嘻嘻时，找到借口及时退出，达到拒绝的目的。

一位名叫金六郎的青年去拜访本田宗一郎，想将一块地产卖给他。

本田宗一郎很认真地听着金六郎的讲话，只是暂时没有发言。

本田宗一郎听完金六郎的陈述后，并没有做出"买"或者"不买"

的直接回答，而是在桌子上拿起一些类似纤维的东西给金六郎看，并说："你知道这是什么东西吗？"

"不知道。"金六郎回答。

"这是一种新发现的材料，我想用它来做本田汽车的外壳。"本田宗一郎详详细细地向金六郎讲述了一遍。

本田宗一郎共讲了 15 分钟之多，谈论了这种新型汽车制造材料的来历和好处，又诚诚恳恳地讲了他明年拟采取何种新的计划。这些内容使得金六郎摸不着头脑，但感到十分愉快。在本田宗一郎送走金六郎时，才顺便说了一句，他不想买他的那块地。

如果本田宗一郎一开始就将自己的想法告诉金六郎，金六郎一定会问个究竟，并想方设法劝说本田宗一郎，让他买下这块地。本田宗一郎不直接言明理由正是如此，他不想与金六郎为此争辩什么。

拒绝对方的提议时，必须采用毫不触及话题具体内容的抽象说法。

日本成功学大师多湖辉说的这个故事发生在 20 世纪 60 年代末的学生运动中。某大学的教室里正在上课时，一群学生运动的积极分子闯了进来，使上课的教授手足无措。当着班上学生的面，教授想显示出宽容和善解人意的风度，就决定先听一下学生讲些什么之后再去说服他们。

结果与他的善良想法完全相反，学生们乘势向他提出许许多多的问题，把课堂搅得一团糟，再也上不成课了。并且这之后只要他上课就有激进派的学生出现在课堂上，就这样毫无宁日地持续了一年。

从这一教训中，教授悟出一条法则，即若无意接受对方，最好别想去说服他，对方一开口就应该阻止他："你们这是妨碍教学，赶快从教室里出去，与课堂无关的事，让我们课后再说！"

假如再发生一次同样的事，教授能否应付？就算他表现出了拒绝的态度，学生也会毫不理会地攻击他吧！如果一点也不去听学生的质问，一开始就踩住话头，至少不会给对方可乘之机，也不致弄得一年时间都上不好课！

可见，拒绝之前先说点与拒绝无关的话，这种欲抑先扬的方式，可以给人心里一个缓冲和铺垫，不至于让拒绝显得很直接、僵硬。

顾及对方尊严，让他有面子地被拒绝

自尊之心，人皆有之。因此在拒绝别人时，要顾及对方的尊严。人们一旦投入社交，无论他们的地位、职务多高，成就多大，他们无一例外地都关心外界对自己的评价。由于来自外界评价的性质、强度和方式不同，人们会相应地做出不同反应，并对交际过程及其结果产生积极或消极的影响。通常的规律是：尊之则悦，不尊则怒。也就是说，当得到肯定的评价时，人们的自尊心理得到满足，便会产生一种成功的情绪体验，表现出欢愉乐观和兴奋激动的心情，进而"投桃报李"，对满足自己自尊欲望的人产生好感和亲切感，采取积极的合作态度，交际随之向成功的方向发展。

反之，当人们不受尊重、受到不公正的评价时，便会产生失落感、不满和愤怒情绪，进而出现对抗姿态，使交际陷入危机。

顾及对方的尊严是拒绝别人时必不可少的注意事项，有这样一个例子：

某校在评定职称时，由于高级职称的名额有限，一位年龄较大的教师未能评上。他听说了这一消息后就向一位负责职称评定的副校长打听情况。副校长考虑到工作迟早要做，便和这位老教师促膝交谈。

校长：“哟，老 ×，什么风把你给吹来了！”

老师：“校长，我想知道这次评高职我有希望吗？”

校长：“老 ×，先喝杯茶，抽支烟，我们慢慢聊。最近身体怎么样？”

老师：“身体还说得过去。”

校长：“老教师可是我们学校的宝贵财富，年轻教师还要靠你们带呢！”

老师：“作为一名老教师，我会尽力的。可这次评定职称，你看我能否……”

校长：“不管这次评上评不上，我们都要依靠像你这样的老教师。你经验丰富，教学也比较得法，学生反映也挺好。我想，对于一名教师来说，这一点，比什么都重要，你说呢？”

老师：“是啊！”

校长：“这次评职称是第一次进行，历史遗留的问题较多，可僧多粥少，有些教师这次暂时还很难如愿，要等到下一次。这只是个时间问题，相信大家一定能够谅解。但不管怎样，我们会尊重并公正地评价每一位教师，尤其是你们这些辛辛苦苦工作几十年的老教师。”

老教师在告辞时，心里感觉热乎乎的，他知道自己这次评上高职的希望不大，但由于自身得到了别人的尊重，成绩受到了别人的肯定，他能接受那样的结果。用他对校长的话讲：“只要能得到一个公正的评价，即使评不上我也不会闹情绪的，请放心。”

这位校长可谓是顾及别人尊严的典范，如果开始他就给这位老教师泼一桶冷水，那么后果就不堪设想了。

在社交场合上，无论是举止或是言语都应尊重他人，即使在拒绝别人的时候也要顾及对方的尊严。也只有这样，才能赢得别人的尊重。

贬低自己，降低对方期望值，顺势将其拒绝

用自我贬低的方法或者在玩笑的氛围中拒绝他人，不仅维护了别人的面子，也能使自己全身而退。

比如朋友想邀你一起去玩电游，你就可以说：“我们都是好朋友了，说出来不怕你们笑话，我学了几年一直玩得不像样，你们看了都会觉得扫兴，为了不影响你们的兴致，我还是不去为好。”又比如说，在同学聚会的时候，你确实不会喝酒，你可以说：“我是爸妈的乖儿子，在家里面又没有什么地位，要是喝了酒，那回

去后肯定会被我爸揍死的，甚至还会被我妈骂死，你们就饶了我吧。”同时，你还可以说一些其他的事例进行说明，或者找一些比较好的借口来增强这种自我贬低的效果。

在贬低自己的策略中，“装疯卖傻法”是一种特殊形式，即“表示自己无能为力，不愿做不想做的事”，也就是说：“我办不到，所以不想做！”

根据心理学的调查发现，人们的确有在日常生活中故意装傻的现象。例如在上班族中，有 20% 的人曾对上司装过傻，而 14% 的人对同事装过傻。虽然这会导致评价降低，但令人惊讶的是，仍有一成以上的人是在自己有意识的情况下用了这个办法。

上班族会用到“装疯卖傻法”的场合有以下 3 种：

第一，不愿做不想做的事。

例如像是打杂类的工作、很花时间的工作，或单调的工作等。还有像公司运动会之类，这种情形便有不少人会用“我不会呀”或“我对这方面不擅长”等理由，来把不想做的事巧妙地推掉。公司内部活动的筹办委员也是其中之一。

第二，拒绝他人的请求。

当别人找上你，希望你能帮他的忙时，你很难直接说“不”吧！因此便以“我很想帮你，可是我自己也没有那个能力”的态度来婉转拒绝。拒绝别人这种事，很难直接以“我不愿意”这种态度来拒绝，而且还可能会让对方怀恨在心。因此，若是用能力，也就是自己无法控制的原因来拒绝（想帮你，可是帮不了）的话，拒绝起来便容易多了。

第三，想降低自己的期望值。

一个人若能得到他人的高度期待，固然值得高兴，但压力也会随之而来。因为万一失败，受到高度期待的人，所带给其他人的冲击性会更大。

因此，借由表现出自己的无能，来降低期望值，万一将来失败，自己的评价也不会下降得太多；相反的，如果成功，反而会得到预期之外的肯定。

“装疯卖傻法”有以下两种实行技巧：

1. 表明自己无能为力

就像前面所说，这招便是表明“我没有能力做那件事，因此我不愿意做”的一种方法。根据工作的内容，“无能”的内容也有所不同。例如：

（别人要求你处理电脑文书资料时）

“电脑我用不好，光一页我就要打一个小时，而且说不定还会把重要的资料弄不见！”

（别人要求你做账簿时）

“我最怕计算了，看到数字我就头痛！”用于与自己平日业务无关的业务上。

不过，所表明的“无能”的理由不具真实性，那可就行不通。例如刚才电脑处理的例子，如果是在电脑公司，说这种话谁信？后面那个例子，如果发生在银行，也绝对会显得很突兀。平常愈少接触到的工作，说这种话时，所获得的可信度也就愈大。所以要说“我没做过”“我做得不好”这些话的时候，一定要具有可信度才行。

2. 将矛头指向他人

这招是接着“表示无能”的用法之后，以“我办不到，你去拜托某某比较好”的说法，来将矛头指向他人的做法。

“我对电脑没办法，不过小王对电脑很熟，你去拜托他看看怎么样？”

“我对计算工作最头大了，小芸应该做得来！”

像这样搬出一个在这方面能力比自己强的人，然后要对方去拜托他就行了。

不只能力的问题，像下面这个例子中的场合也适用。

“我如果要做这件事，恐怕要花掉不少时间。小范好像说他今天的工作量不怎么多！”

只有在大家都知道那个人的确比较胜任时才能用这招。

这个办法有一个问题就是，可能会招致那个被你“转嫁”的人的怨恨。想拜托人的人一定会说：“是某某说请你帮忙比较好！”对方也就会知道是你干的“好事”。这么一来，那个人心里一定会想：“可恶的家伙，竟然把讨厌的事推给我！”

尤其当需要帮忙的工作内容，是人人都不想做的事情的时候，这种惹来怨恨的可能性就愈高。所以，最好在多数人都知道“某某事情是某某最擅长的”这样的场合才可用此招。

第七章

直拒不如婉拒，拐个弯令对方主动放弃

找个人替你说“不”，不伤大家感情

在拒绝他人的诸多妙法中，有一种比较艺术的方法就是推诿法。

所谓推诿法，就是以别人的身份表示拒绝。这种方法看似推卸责任，但却很容易被人理解：既然爱莫能助，也就不便勉强。

有个女孩子是个集邮爱好者，她的几个好朋友也是集邮迷。一天，有个朋友向她提出要换邮票，她不同意换，但又怕朋友不高兴，便对朋友说：“我也非常喜欢你的邮票，但我妈不同意我换。”其实她妈妈从没干涉过她换邮票的事，她只不过是以此为借口，但朋友听她这样一说，也就作罢了。

有时为了拒绝别人，可以含糊其词地推托：“对不起，这件事情我实在不能决定，我必须去问问我的父母。”或者是：“让我和孩子商量商量，决定了再答复你吧。”

这是拒绝人的好办法，假装请出一个“后台老板”，表示能起作用的不是本人。这样做既不伤害朋友的感情，又可以使朋友体谅你的难处。

人处在一个大的社会背景中，互相制约的因素很多，为什么不选择一个盾牌来挡一挡呢？如：有人求你办事，假如你是领导成员之一，你可以说，我们单位是集体领导，像刚才的事，需要大家讨论才能决定。不过，这件事恐怕很难通过，最好还是别抱什么希望。如果你实在要坚持的话，待大家讨论后再说，我个人说了不算数。这就是推托其辞，把矛盾引向了另外的地方，意思是我不是不给你办，而是我决定不了。请托者听到这样的话，一般都会打退堂鼓。

一个年轻的物资销售员经常与客户在酒桌上打交道，长此以往，他觉得自己的身体每况愈下，已不能再像以前那样喝太多的酒了。可应酬中又是免不了要喝酒的，怎么办呢？后来他想到一个妙计，每当客户劝他多喝点的时候，他便诙谐地说："诸位仁兄还不知道吧，我家里那位可是一只母老虎，我这么酒气熏天地回去，万一她河东狮吼起来，我还不得跪搓衣板啊！"

他这么一说，客户觉得他既诚恳又可爱，自然就不再多劝了。

所以，如果难以开口的话，不妨采取这里所讲的方法，找一个人"替"你说"不"，这样所有的责任都可以推得一干二净，别人也不会对你有所抱怨。

拒绝要真诚，不能让人感觉你敷衍了事

当你不得不拒绝别人时，要想好一些真诚的原因，让别人从心眼里觉得的确是你能力有限从而不得不拒绝。

拒绝总是会让人感到不愉快。委婉拒绝无非是为了减轻双方，特别是对方的心理负担。尤其是上司拒绝下属的要求时，不能盛

气凌人，要以同情的态度、关切的口吻讲述理由，使之心服。在结束交谈时，一定要表示歉意。一次成功的拒绝，也可能为将来的重新握手、更深层次的交际播下希望的种子。

从事销售的小刘遇上一位工作狂上司，很多同事都因此而“逃离”了，而她却能始终保持极佳的工作状态，她是怎么做到的呢？

小刘说：“一开始我也像他们一样以办公室为家，日日夜夜伏案工作，在我的字典里‘休息’这个词似乎早就不存在了。后来我发现，工作狂老板通常有一个思维定式：他们一般疏于考虑自己分配下去的任务量有多少，下属需要花费多长时间可以搞定，他们想当然地认为你应该没问题。所以，以后如果我觉得工作量过大，超出了个人能力所能达到的范畴时，我不会一味投身于工作中蛮干，要知道，不说出来的话，工作狂老板是不会体会到你的负荷已经到了警戒线的。这也不能怪他，每个人的承受能力不同，老板又如何能体会到下属执行当中的难度与苦衷？这个时候，下属应该主动与老板沟通交流。口头上陈述困难或许有故意推托之嫌，书面呈送工作时间安排与流程，靠数据来说明工作过多，让他相信，过多的工作令效率降低。合理正确的沟通会令老板了解你的需求，从而适当调整任务量及完成时间，或选派更多的同仁来帮你分担。”

试想一下，如果小刘怕得罪上司而勉强接受所有任务，到时完不成任务更会受到上司的指责，如果因为自己不事先说明难度，最后又耽误了公司整体事务，罪过就更大了。这种坦诚拒绝的方法不仅适用于上司，也适用于周围的同事。当然，坦诚拒绝也要讲究方式。

当别人向你提出请求时，一定会担心你会不会马上拒绝自己，或者给自己脸色看。所以，在你决定拒绝之前，首先要注意倾听对方诉说。比较好的办法是，请对方把处境与需要讲得更清楚一些，这样，自己才知道如何帮他。

倾听能够让对方感受到你的尊重和真诚，委婉地向对方表达自己的拒绝，可以避免使对方的感情受到严重的伤害。

倾听的另一个好处是，你虽然拒绝他，却可以针对他的情况，建议他如何取得适当的支援。若是能提出有效的建议或替代方案，对方一样会感激你，甚至在你的指引下找到更适当的解决方案。

直接的拒绝只会伤害彼此的感情，而委婉地说“不”却更容易让人接受。当你仔细倾听了别人的要求，并认为自己应该拒绝的时候，说“不”的态度必须是温和而坚定的。

例如，当对方提出的要求不符合公司或部门的规定，你就要委婉地让对方知道自己帮不了这个忙，因为它违反了公司的相关规定。在自己工作已经排满而爱莫能助的前提下，要让他清楚地明白这一点。一般来说，同事听你这么说一定会知难而退，再想其他办法。

拒绝除了需要技巧，更需要耐心与关怀。若只是敷衍了事，这样只会伤害对方。

1. 对领导说“不”时一定要把握好时机

“不管什么事情只要交给安娜，我就放心了。”安娜进公司3年，这是领导常挂在嘴边的话。开始安娜很高兴，但时间一天天过去，交给她的任务越来越多。“安娜，这个方案你盯一下。”“安娜，这个客户恐怕只有你能对付。”“安娜，上海的那个项目人手不够，你顶一下。”老总为某事抓狂时，必会打开房门大叫安娜。

安娜手里的事情多到了加班加点也做不完，可周围有些同事却闲得很，薪水也并不比她少多少。安娜想，也许自己再忍一忍就会有升职的机会。然而，机会一次次地走到了她面前却又一次次地拐了弯。后来，安娜从人事部的一位前辈口里得知，关于她升职的事中层主管讨论过很多次了，每次都被老总否决了，说安娜虽然业务能力不错，但管理能力不足，需要再锻炼锻炼。

安娜很气恼，回家跟丈夫抱怨。丈夫居然也说：“如果我是你们老总，我也不会升你的职。一个不懂拒绝的人，怎么去管理别人？”安娜仔细想了想，觉得这话真的很有道理。

往后，当老总给她加工作量时，安娜鼓足勇气说：“我手里有3个大项目，10个小项目，我担心时间安排不过来。”老总一听，脸立刻变了色：“可是，这个项目只有你去做我才放心。”

“那好吧，我赶一赶。”说完这句话，安娜恨不得咬掉自己的舌头。看到老总的脸，一个大胆的念头突然冒了出来：“不过，要按时保质完成，我需要几个帮手。”安娜轻描淡写地说。老总惊讶地看着她，继而笑着说：“我考虑一下。”

原来安娜想，如果老总答应给自己派助手，就相当于变相给自己晋升，自己的工作也有人可以分担了；如果不答应，老总也不好把新任务硬塞给自己了。

果然，老总再也没提过加派新任务的事，还破天荒地经常跑来关心安娜的工作进展，并叮嘱她有困难就提出来，别累坏了身体，等等。

当领导把砖头一块块地往你身上叠加时，他也并不是不知道砖头的重量，但是他知道把工作加给一个不懂拒绝的人是件再省心不过的事。你不要因此就梦想你理所当然比别人薪水更高或升迁更快。

有的时候，你并不需要大张旗鼓地拒绝领导，只需要摆出自己的难处，领导也不会觉得你的拒绝很过分。要拒绝领导，就必须告诉他你在时间或精力上的困难，让他明白你不是超人。

2. 不想加班，就必须找个恰当的理由

“世界上最痛苦的是什么？加班！比加班更痛苦的是什么？天天加班！比天天加班更痛苦的是什么？天天无偿加班！”这些关于加班的种种看似戏言和怨言的说法，在调侃之余，也真实地反映了职场中人的生活和工作现状，因为加班已经成为他们生活中的必要组成部分。

身在职场，加班是很多人最痛恨的一件事。面对领导要求的加班，做下属的就只能听之任之吗？是不是也可以找到合适的理由，既不得罪领导，又能够少受一点加班之苦呢？

小李和女友相识3周年的纪念日就在这个周五，可是当离下班还有10分钟时，小李看到了部门领导在MSN上在呼叫："今天晚上留下来吃饭，约好了一位客户谈目前这个项目的事情。"顿时，小李不知所措。

小李肯定是不想错过今天这个重要日子里的约会的，但是，他又不能得罪领导。他琢磨了一会儿，心想凭着自己几年来和领导的关系，再加上自己幽默风趣的性格，相信领导能够放他一马。于是小李通过MSN和领导说："本人是公司著名的妻管严，地球人都知道，要不是为了她，俺哪敢和领导讲条件，再说俺要敢放俺那口子鸽子，俺可能会有生命危险。"等了一会儿，MSN上传来了领导的回复："你不用加班了，这事我来做，你去陪你的女朋友吧，代我向她问好！"

看到这句话，小李以最快的速度关掉电脑，拎起包飞奔出了办公室。

"适者生存，不适者淘汰"已成为企业中很多人士坚定不移的座右铭，也是上班族命运的真实写照。虽然如此，但每个人的生活中除了工作中的8个小时，还有亲情、友情、爱情需要时间去维护，若因为工作而将其他的统统放弃，实在是得不偿失。而要实现这一目标，就需要多学一些拒绝的技巧。小李的做法也许并不适合每一个人，但也不失为一种借鉴。其实，每个人在拒绝加班时都可以找到恰当的理由，让8小时以外的时间真正属于自己。

3. 巧借打电话，逃离酒桌应酬

当单位里有应酬时，领导总想把自己喜欢和信任的下属带去“陪酒”。得到领导的赏识是一件好事，但有时候确实不愿意去，这时你该怎么办？如果贸然拒绝领导的好意，就很容易把领导得罪了。如何逃离酒桌应酬，又能让领导理解呢？

小王是一家杂志社的采访部主任，本来谈广告业务的事和她没有什么关系，但多年的打拼让她成了交际“达人”，再加上大方、稳重的气质和漂亮的外貌，主编每当面对大客户时都会想到她，让她作陪。

但小王对这类应酬是很不情愿的，因为下班后她希望能多陪陪孩子和丈夫，享受家庭的幸福生活。几次应酬之后，小王觉得不能再这样下去了，必须想个方法逃离酒桌。当主编又一次要带小王去见客户的时候，小王并没有当面拒绝主编，而是爽快地答应了下来。

晚上，小王如约前往。酒桌上，小王看出这次的客户确实来头不小，而且对他们的杂志比较认可。陪客人的除了她和主编外，还有杂志社的投资人以及广告部的主任。小王不知道自己的到来是否能起到一定的作用，但她还是不辱使命，施展着自己的交际才华。时间过去了大约半个小时，小王的电话响了起来，于是小王离桌去接电话。一会儿，小王回来，焦急地和主编说，自己的好朋友谢菲打来电话，说她得了急性阑尾炎，而其家人又不在身边，需要她去照顾一下。主编和在座的各位一看到这种情况，就马上答应了，让小王赶紧去。

就这样，小王一边说着抱歉的话一边急匆匆地离开了。

出门后，她给好友发短信："终于逃离了，谢谢你哦。是你的'阑尾炎'救了我！"

相信很多人都有同感。那些特别注重家庭生活的都市白领，都希望自己能够和家人共进晚餐，享受其乐融融的家庭氛围，而不是去酒桌旁陪客户、陪领导。在工作与家庭之间，在薪水与面子面前，他们往往不能按照自己的意愿行事，哪怕勉为其难也得将就着。不过，有些时候还是可以利用一些巧妙的方法，将那些自己不喜欢的应酬统统甩掉。就如小王这样，运用打电话救急，也不失为一个好办法。

4. 巧妙应对，避开另类"骚扰"

身在职场，很多女性都容易遭遇一个比较普遍的问题——性骚扰。在工作场合，性骚扰有时候会来自于领导。该怎样去应对性骚扰而又不得罪领导呢？

最近一次公司聚会后，伊茜发现老板罗伯特有点问题。饭后伊茜要回家，可罗伯特说要去唱歌，并且一个都不许走，其他同事都赞成，伊茜也不好反对。伊茜因为喝了点酒有点头晕就靠坐在沙发上，偶尔为他们选一些歌。罗伯特坐在离伊茜不远处，突然在和伊茜说话时用手轻轻地划了一下她的脸，伊茜想罗伯特可能喝醉了，于是离他更远了一些。终于一曲完了，伊茜准备回家，没想到他跟着伊茜离开了。电梯里只有他俩，罗伯特抱住伊茜说：

"亲一个！"伊茜说不行。这时电梯停了，进来几个人，他只好放开了伊茜。

后来伊茜想他大概是喝醉了，自己以后不再参加这种聚会就是了。可没过几天，罗伯特的秘书很神秘地对伊茜说，后天还有个聚会，大家都得参加。伊茜心里暗暗叫苦，麻烦来了！伊茜后来找了一个理由，才躲了过去。然而，这几天罗伯特总是有意无意地来到伊茜的办公室，伊茜只好跟他谈工作的事。但他却总是有意无意地把话题往别的方面引，伊茜思前想后终于想出了一个主意。由于伊茜和罗伯特的妻子是老同学，于是伊茜周末约罗伯特的妻子一起打牌、游泳，他知道这些事后，便不再"骚扰"伊茜了。

遇上想占便宜的领导是职场女性最烦恼的事，因为处理不好的话便会丢掉工作和声誉。案例中的伊茜在对付领导的性骚扰方法得当，巧妙地保护了自己，值得职场女性学习。

先发制人，堵住对方的嘴

当别人向你提出邀请或其他请求时，总是希望能够被顺利接受。一旦话说出来，你再直接拒绝，会使对方误解你"不给面子"，因而对你产生不满的情绪。

面对这一情形，以守为攻、先发制人是拒绝别人的一个上策。在对方尚未张口前已猜到对方的意思时，你先表达自己在这方面有所不便，以堵住对方之口。因为对方并未明说他的意愿，所以这种拒绝不至于令双方难堪或尴尬。

请看下面一则事例：

小张负责某项目的招投标工作，小张的一位朋友来到小张家，这位朋友正有意参加相关工程投标。

小张已知其意，于是灵机一动，在朋友刚一进家门还来不及开口时，就立刻说："你看，你好不容易来玩一玩，我都没有空陪你，最近实在太忙了，连吃饭的时间都抽不出。"对方一听这话，赶紧搪塞几句，再也不好意思开口相请。

由此看来，运用先发制人这一招，重在掌握"先"机，自己已经深知对方将要说的话或事情，就应抢先开口，把对方的意思提前封锁在开口之前。这样就能牢牢掌握在与人交际中的主动权，达到巧妙拒绝对方的目的。

再比如接到一个经常找你帮忙的朋友的电话，他一开口便问你："最近忙不忙？"如果此时回答"不忙"或"还好"，那么他的下一句自然就会转到正题上来。于是此时你可以这样回答："忙啊！最近忙得连休息的时间都没有了，每天加班到凌晨，快累垮了。"

听你这么一说，对方自然清楚你是帮不上忙了。而且因为你采取的是提前声明的方法，所以根本不存在拒绝一说，对自己、对对方来说，都不会存在面子过不去的问题。

总之，当你无法满足别人的请求，而又不能或无须找任何借口时，就用"先发制人"的方式，堵住对方说出请你帮忙的话，这样一来，你也就不用为如何拒绝而苦恼了。

拒绝领导不要让他难堪

领导委托你做某事时，你要善加考虑，这件事自己是否能胜任，然后再做决定。

如果只是为了一时的情面，即使是无法做到的事也接受下来，这种人的心似乎太软。纵使是很照顾你的领导委托你办事，但自觉实在是做不到，你也应该很明确地表明态度，说："对不起！我不能接受。"这才是真正有勇气的人，否则你就会误大事。

如果你认为这是领导拜托你的事不便拒绝，或因拒绝了领导会使其不悦而接受下来，那么，此后你的处境就会很艰难。因畏惧领导报复而勉强答应，答应后又感到懊悔时，就太迟了。领导所说的话有违道理，你可以断然地驳斥，这才是保护自己之道。

假使领导欲强迫你接受无理的难题，这种领导便不可靠，你更不能接受。尽管部下是隶属于领导，但部下也有他独立的人格，不能什么事不分善恶是非都服从。

倘若你的领导以往曾帮过你很多忙，而今他要委托你做无理或不恰当的事，你更应该毅然地拒绝，这对领导来说是好的，对自己也是负责的。当然，拒绝领导的要求不是一件容易的事。

谁都不愿因此而得罪领导，因为领导有可能掌握你一生的前程。然而，若你知道一些拒绝领导的技巧，就能两全其美，既不得罪领导，又可以表明拒绝之意。不过要强调的是，这些技巧仅限于那些领导的非合理要求。当领导提出一件让你难以做到的事时，如果你直言答复做不到，可能会让领导有损颜面，这时，你不妨说出一件与此类似的事情，让领导自觉问题的难度而自动放弃这个要求。

当上司要求你做违法或违背良心的事时，平静地解释你对他的要求感到不安，你也可以坚定地对上司说："你可以解雇我，也可以放弃要求，因为我不能泄漏这些资料。"

如果你幸运，老板会自知理亏并知难而退；反之，你可能授人以柄。但假若你不能坚持自身的价值观，不能坚持一定的准则，那只会迷失自己，最终会影响工作的成绩，以致断送自己的前途。

当上司器重你并将你连升两级，但那职务并不是你想从事的工作时，你可以表示要考虑几天，然后慢慢解释你为何不适合这项工作，再给他一个两全其美的解决方法："我很感激您的器重，但我正全心全意发展营销工作，我想为公司付出我的最佳潜能和技巧，集中建立顾客网络。"

正面的讨论，可以使你被视为一个注重团队精神和有主见的人。当领导提出某种要求而你又无法满足时，设法造成你已尽全力的错觉，让领导自动放弃其要求，这也是一种好方法。

比如，当领导提出你不能满足的要求后，就可采取下列步骤先答复："您的意见我懂了，请放心，我保证全力以赴去做。"过几天，再汇报："这几天 ××× 因急事出差，等下星期回来，我再立即向他报告。"又过几天，再告诉领导："您的要求我已

转告 ××× 了，他答应在公司会议上认真地讨论。”尽管事情最后不了了之，但你也会给领导留下好印象，因为你已造成“尽力而为”的假象，领导也就不会再怪罪你了。

通常情况下，人们对自己提出的要求总是念念不忘。但如果长时间得不到回应，就会认为对方不重视自己的问题，反感、不满由此而生。相反，即使不能满足领导的要求，只要能做出些样子，领导就不会抱怨，甚至会对你心存感激，主动撤回让你为难的要求。你也可以利用群体掩饰自己，这不失为一大妙招。

例如，被领导要求做某一件事时，你其实很想拒绝，可是又说不出来，这时候，你不妨拜托两位同事和你一起到领导那里去，这并非所谓的三人战术，而是依靠群体替你做掩护来说“不”。

首先，商量好谁是赞成的那一方，谁是反对的那一方，然后在领导面前争论。争论一会儿后，你再出面含蓄地说“原来如此，那可能太牵强了”，而靠向反对的那一方。这样一来，你可以不必直接向领导说“不”就能表明自己的态度。这种方法会给人“你们是经过激烈讨论后，绞尽脑汁才下结论”的印象，而包括领导在内的全体人士不管哪一方都不会有受到伤害的感觉，从而领导会很自然地自动放弃对你的命令。对于超负荷工作的要求，你即使是力不能及，也不能马上怒形于色。不妨先动手来做，让事实来证明领导的要求是不可能达到的。

艺术地下逐客令，让其自动识相而归

有朋来访，促膝长谈，交流思想，增进友情是生活中的一大乐事，也是人生道路上的一大益事。宋朝著名词人张孝祥在跟友人夜谈后，忍不住发出了“谁知对床语，胜读十年书”的感叹。然而，现实中也会有与此截然相反的情形。下班后吃过饭，你希望静下心来读点书或做点事，那些不请自来的“好聊”分子又要扰得你心烦意乱了。他唠唠叨叨，没完没了，一再重复你毫无兴趣的话题，还越说越来劲。你勉强敷衍，焦急万分，极想对其下逐客令但又怕伤了感情，故而难以启齿。

但是，若你“舍命陪君子”，就将一事无成，因为你最宝贵的时间，正在白白地被别人占有着。鲁迅先生说：“无端地空耗别人的时间，无异于谋财害命。”任何一个珍惜时间的人都不甘任人“谋财害命”。

那要怎样对付这种说起来没完没了的常客呢？最好的对付办法是：运用高超的语言技巧，把“逐客令”说得美妙动听，做到两全其美；既不挫伤好话者的自尊心，又使其变得知趣。要将“逐客令”下得有人情味，可以参考以下方法：

1. 以婉代直

用婉言柔语来提醒、暗示滔滔不绝的客人：主人并没有多余的时间跟他闲聊胡扯。与冷酷无情的逐客令相比，这种方法容易被对方接受。

例一：“今天晚上我有空，咱们可以好好畅谈一番。不过，从明天开始我就要全力以赴写职评小结，争取这次能评上工程师。”这句话的含意是：请您从明天起就别再打扰我了。

例二：“最近我妻子身体不好，吃过晚饭后就想睡觉。咱们是不是说话时轻一点？”这句话用商量的口气，却传递着十分明确的信息：你的高谈阔论有碍女主人的休息，还是请你少来光临为妙吧。

2. 以写代说

有些“嘴贫”（北京方言，指爱乱侃）的人对婉转的逐客令可能会意识不到。对这种人，可以用张贴字样的方法代替语言，让人一看就明白。有一位著名的科学家，在自家客厅里的墙上贴上了“闲谈不得超过三分钟”的字样，以提醒来客：主人正在争分夺秒搞科研，请闲聊者自重。看到这张字样，纯属“闲谈”的人，谁还会好意思喋喋不休地说下去呢？

根据具体实际情况，我们可以贴一些诸如“我家孩子即将参加高考，请勿大声喧哗”“主人正在自学英语，请客人多加关照”等字样，制造出一种惜时如金的氛围，使爱闲聊者理解和注意。一般，字样是写给所有来客看的，并非针对某一位，所以不会令某位来客有多难堪。

3. 以热代冷

用热情的语言、周到的招待代替冷若冰霜的表情，使好闲聊者在“非常热情”的主人面前感到今后不好意思多登门。爱闲聊者一到，你就笑脸相迎，沏好香茗一杯，捧出瓜子、糖果、水果，很有可能把他吓得下次不敢贸然再来。你要用接待贵宾的高规格，他一般也不敢老是以“贵客”自居。

过分热情的实质无异于冷待，这就是生活辩证法。但以热代冷，既不失礼貌，又能达到“逐客”的目的，效果之佳，不言自明。

4. 以攻代守

用主动出击的姿态堵住好闲聊者登门来访之路。先了解对方一般每天几点到你家，然后你不妨在他来访前的一刻钟先“杀”上他家门去。于是，你由主人变成了客人，他则由客人变成了主人。你从而掌握交谈时间的主动权，想何时回家，都由你自己安排了。你“杀”上门的次数一多，他就会让你给黏在自己家里，原先每晚必上你家的习惯也很快会改变。一段时间后，他很可能不再“重蹈旧辙”。以攻代守，先发制人，是一种特殊形式的逐客令。

5. 以疏代堵

闲聊者用如此无聊的嚼舌消磨时间，原因是他们既无大志又无高雅的兴趣爱好。如果改用疏导之法，使他们有计划要完成，有感兴趣的事可做，他们就无暇光顾你家了。显然，以疏代堵能从根本上消除闲聊者上门干扰之苦。

那么，我们该怎样进行疏导呢？如果他是青年，你可以激励他：“人生一世，多学点东西总是好的，有真才实学更能让你过上好生活，我们可以多学习学习，充实充实自己。”如果他是中老年，可以根据他的具体条件，诱导他培养某种兴趣爱好，或种花，或读书，或练书法，或跳迪斯科。“老张，您的毛笔字可真有功底，如果再上一层楼，完全可以在全县书法大奖赛中获奖！”这话一定会令他欣喜万分，跃跃欲试。他一旦有了兴趣爱好，你请他来做客也不一定能请到呢！

第八章

挺起自己的脊梁骨，拒做职场『受气包』

向靠得太近的下属说“不”

很多人认为管理者跟下属打成一片是与下属最好的相处之道，这样做固然会在人际关系中处于优势，但是，却也带来了一些负面影响，在必要的时候我们却很难向下属说“不”。随着你与下属关系的亲近，下属在平时的工作中更容易替你着想，这样在无形中促使他们尽力把事情做好，省去了一些催促、解释的麻烦。而当我们与下属距离过远时，难免给下属造成你总是高高在上的感觉，这样会造成你对下属的约束力和感召力都不会太强。最终，当我们向下属下达指令时，下属只是迫于上级的压力来做这件事，但是，他们的执行力却远远达不到你想要的要求。

孔子说：“临之以庄，则敬。”意思是说，威严地对待别人，就会得到对方的尊敬。领导者和下属的关系始终是一种工作上的上下级关系，所以总要保持一定的距离才能发挥领导的职能。

遗憾的是有些管理者不善于调整距离，与下属交往有失分寸，这便犯了大忌。没有了距离就没有了威严。如果一个领导整天和下级哥们义气一般地你来我往，往往在涉及原则的时候就会碍于情面不好意思执行，但是这个时候就会形成对下属的纵容，长此以往必会出大乱子。

李先生和李太太共同创业多年，支撑起了一个企业。李先生一直对一个他认为非常“优秀、有潜质”的中层小王非常看好。小王今年只有 24 岁，他来到企业有大半年的时间，事事亲力亲为，经常给李先生提出一些建设性的点子，对公司忠心耿耿。李先生已经把采购、人事这些重要工作都交托给他了，最近还想把财务也交给他。

可是李太太却对小王有着不同的看法。李太太发现和这个年轻人沟通起来很累，因为他非常固执，很难听进去别人的意见。李太太觉得老公太宠这个员工，有偏袒及纵容的倾向。

终于有一天，小王因为自作主张而导致一个重要客户流失，使公司前期做的大量工作付诸东流。过往创业的成功让李先生太迷信自己的经验，认为只有靠和员工亲密才能凝聚起一个团队。可是，当核心工作从开创转变为管理的时候，亲密度必须有所下降才可以。关心员工是没错，但如果没有限制地越走越近，如果哪一次不能满足下属的需要时，关系就会急速恶化。

所以说在企业管理中，管理者与员工距离太远，则无法施加影响力；和员工距离太近又容易丧失原则，不利于企业管理。因此，一个成功的管理者一定要与下属保持适当的距离。

其实，最好的管理者都是一座孤岛，能够跟下属保持恰当的距离，这座孤岛，是一座只能与其他岛相通，但不能与其他岛相连的孤岛。因为它一旦与其他岛相连，这座岛就会失去它自身的独立性，容易受各色人等左右。

作为一名管理者，同人类所有的属性一样，如果我们想得到一些东西，就注定要舍弃一些东西。“冷酷无情”有时候是一个管理者必备的素质。“保持一定距离”，众所周知是法国总统戴高乐将军的座右铭。戴高乐对待自己身边的顾问和参谋们始终恪守这一原则。在他任总统的十多年里，他的总秘书处、办公厅和私人参谋部等顾问及智囊团，很少有人工作年限超过两年以上的，何以如此？

在他看来，调动是正常的，不调动是不正常的。因为，只有调动，才能保持一定的距离，而唯有“保持一定距离”，才能保证顾问和参谋们的思维和决断的新鲜和充满朝气，也就可以杜绝年长日久的顾问和参谋们利用总统和政府的名义来营私舞弊的恶果。戴高乐不愧有先见之明。

虽然戴高乐的做法似乎有些不近人情，但是他自己也一定曾经忍受着很多常人无法想象的孤独。为了营造一个公平干净的环境，他牺牲了很多与人亲近的机会，但是却换来了集体强大的工作效率。

现任俄罗斯总统的普京也曾经在接受采访时指出：“毋庸讳言，人们都希望从最高领导人那里得到帮助。坦率地讲，这是人之常情。当然，在我认识的人中也有人为自己定下行为准则：干好分内事，不提任何要求，安分守己，自己的问题自己解决。但总有人受到寻求大首长帮忙的诱惑，因此应当拉开距离。”

跟随自己时间久了的老部下，相互之间彼此了解并随随便便，这有时会让下属做事的时候自作主张，耽误了大事。自己偏爱的有专长的下属可能因为你的过度赏识而有恃无恐，出了事也等你出面包庇。身处管理层，作为领导者，其职责就是领导集体取得工作上的成绩，如果一个领导失去了公正和公平，对某几个下属过于亲近，就会不自觉地疏远其他人，那么他所得到的信息就将是片面的，而且也会招来其他人的猜疑，认为领导必然偏向自己喜欢的那几个身边人，长期下去，团队的工作积极性就会受到影响，导致一些矛盾的激化。

关系过分密切，就容易流于庸俗。凡是成功的上级都应该注意与下属“保持距离”。还是那句话，你作为一名管理者，注定只能是一座孤岛，在近与远的权衡中寻找最恰当的位置，做到既不与下属过于亲密，也不与下属距离太远。

所以，每个管理者都要学会忍受孤独，保持独来独往的风格，向那些离我们距离太近的下属说“不”。

委婉拒绝下属提出的额外加薪的要求

我们身为社会的一分子，每天除了吃饭、睡觉，就是工作。

工作于每个人来说是生存于世之本，而薪水的高低更是在某方面衡量一个人价值高低的标准，所以我们每个人都希望自己的薪水越高越好。当然，这是每一个员工的想法，如果换成公司的一个领导者，显然就站在了员工的对立面。

作为公司的领导层，经常会遇到员工提出加薪的要求，如果你恰巧正准备给这位员工涨工资，那自然是皆大欢喜。

但并不是所有的人都有这么幸运，也许你的员工的工作表现不好，你认为他目前不足以达到加薪的标准；也许看到员工辛辛苦苦、尽职尽责地工作，你打心眼里也想给员工加薪，但是无奈正值金融危机之际。而此时你的公司正面临利润滑坡、预算紧缩的情况时，答应下属的加薪要求是不可能的，一口回绝也是不理智、没有说服力的做法，下属很难接受你的这种冷漠态度，甚至闹到老板那里才罢休，最终弄个不欢而散的结局，而这恰恰是我们大家都不愿看到的。

加薪，不可能，不加薪，两败俱伤。我们应该采取何种方法才能使拒绝下属的要求既显得合情合理，又不影响下属的情绪呢？首先我们必须明确态度，员工要求加薪是正常现象，我们不能因为员工要求加薪而对其另眼看待，作为员工的领导者，要认真对待下属提出的每一个要求，在认真考核下属的价值和薪酬后，根据公司的具体经营情况，最终做出让员工心服口服的决定。

而对于那些不合理的加薪请求，领导者要果断地拒绝，但是要注意方式和方法，避免矛盾的产生。

1. 要学会委婉地拒绝

某一天，当你正在办公室埋头工作的时候，你的一名下属敲门进来，并向你直截了当地提出加薪要求。

这个时候，你一定要讲究一下说话的策略，特别是对那些为公司做出很大贡献，具备一定实力的员工，你更加需要慎之又慎。

如果你不假思索立即对员工说“不”，便会很大程度上挫伤员工的工作积极性，从而导致你的领导魅力急剧下滑。

甚至有的员工在向你提出加薪要求前，就已经做好了鱼死网破的准备——加薪不成，另谋他职。如果你真心不想丢失这样的好员工，面对这样的情况，你就需要在谈话的时候谨小慎微，而最有效的方法是委婉地拒绝。这种方法就是在谈话中先肯定下属的工作能力和对他的良好印象，然后谈谈公司目前遇到的经济困境和公司的发展前景，巧妙而委婉地否定他目前的加薪要求。

2. 给员工一个合理的理由

其实，当员工向你提出加薪要求之前，需要花较多的时间来鼓足勇气走进你的办公室。甚至有的员工，在走进你办公室之前，已经做了两手准备。

如果你能本着设身处地的态度，为下属着想，给出合理的拒绝加薪的理由，让下属明白你这样做不是独断专行，而是事出有因，相信你一定能获得员工的理解和谅解。

所以，面对员工的请求，请不要敷衍了事，你最好心平气和地请员工坐下来，通过与下属的沟通知道员工想加薪的理由，也让自己了解下属的问题所在。这样做的好处，不仅有利于你从员工的角度看问题，而且在自己随后拒绝员工的时候也更有针对性和说服力。

王强是北京一家出版公司的管理层，担任主任编辑职位。

某个周三的下午，员工闫明向身为上司的王强提出加薪要求。

王强并没有立即回复闫明是否给他加薪，而是思考了一下，态度诚恳地对闫明说："小闫，我知道你做助理编辑已经有一段时间了，并且你在工作中提出的几点建议，我觉得对公司的以后发展有很重要的意义。但是，咱们公司有一个系统的规章制度，任何人都不能凌驾于其之上，你离公司规定的第一次薪金评估还有较长时间。所以，我目前还不能接受你的加薪要求。

"还有就是，目前你现有的这份业绩表还不是很完善，有些数据的说服力有些欠缺。年底的评估也快要到了，你再加把劲，争取让你手上的那两本书稿能够在年终前付印。如果你能在咱们公司最新设立的那个项目中做出一些成绩，在年底评估的时候，我就有为你争取加薪机会的资本。"

给员工一个合理的理由，告诉他以他目前的工作成绩还达不到公司的加薪要求。如果条件允许的话，还可以将拒绝的负面影响转化为正面的激励作用——利用加薪的机会激励员工取得更好的成绩。

3. 不乱开空头支票

我们都知道，在面对员工不合理的加薪要求，或者是目前来说不能满足的加薪请求时，作为一名优秀的管理人员，我们都会在恰当的时机，变通而果断地告诉员工"不"。

须注意的是，作为领导不要因为拒绝了下属的合理要求而心存内疚，切勿不负责任地做出超越自己权限的承诺，乱开空头支票。

因为即使你一再强调你承诺的事要视将来情况决定，如等到业绩有转机了等，下属仍可能将它看作承诺。这样在不能兑现时，不仅会降低你在员工中的威信，也给双方带来很多不必要的麻烦。

4. 可以将加薪换成其他奖励方式

加薪的最大好处在于：一旦给员工加薪，那么员工的工作积极性就会提高。其实，有很多种其他方式也能达到这个目的。

如果你打算拒绝给员工加薪，又不想打击员工的工作积极性，不妨尝试将加薪换成其他奖励方式，比如为员工提供良好的发展空间，让员工在公司内部发挥更大的作用，在技术、经验上得到积累；或者提供难得的培训机会等。比如：

“我知道，公司因为暂时面临困境，无法满足你的加薪要求，可能会让你很失望。所以，根据你的情况，公司管理层在昨天的会议上进行了一次沟通，提出了这样一个方案：调你到公司总部的技术部工作，虽然那里的薪资待遇和这里相同，但是相对来讲，生活和办公室条件要比这里优越。更重要的是接受培训的机会比较多，你作为年轻的技术员，在那里会找到更多的发展机会，你觉得怎么样？”

一般来说，员工对于这样的安排都会欣然接受，并希望自己抓住这次机会，通过这次机会在公司内部发挥出自己更大的优势，使自己无论在技术上，还是经验上都有的一次质的飞跃。毕竟在员工内心深处，无论在哪里工作，收获更有价值的东西甚至比金钱更重要。

虽然你拒绝了员工的加薪请求，但是这样做的好处是你不仅没有挫伤员工的工作积极性，而且为那些有上进心的员工提供了更好的发展空间。他们是会理解你的。

和“密友”同事保持安全距离

两个人的关系可以密切，但应有恰当的距离，知道别人太多的过去，会让自己很危险。

当很多同学还在为工作发愁的时候，小方已经稳稳当当地坐在这家大公司的某个小方格里开始他的职业生涯了，他受宠若惊而又异常兴奋，他是怀着对力荐他的顶头上司十二万分的感恩之心到新单位报到的。小方暗暗发誓一定要好好干。

他们组有个女孩，他们处得非常好，工作上常能保持意见一致。他们的友情也不断深化，发展到了各自的私交圈子，对方的男女朋友也都十分熟悉。她有时会和小方的女朋友一起逛逛街，小方和她男朋友偶尔也会打打球。有时四个人还坐在一起搓麻将，公司里的其他同事都特别羡慕他们两个人能有这么好的关系。

但这种融洽的关系却在某一天出现了难以弥合的裂痕，起因是公司里新来的副总经理。女孩从见到他第一眼起，就很不自然；副总经理也是，两个人坐在那里，并不说话，却有一种微妙的气氛。下班时，女孩突然“消失”了，而通常女孩和小方都是一同坐车回家的，即便临时有事，也会先打个招呼。小方问了门口的大爷，说她是和副总经理一同出去的。

第二天，女孩红肿着眼睛来上班。回家的时候，没等小方问，她就主动和盘托出：副总经理是她大学时的同学，他们曾经谈过恋爱，后来因为副总经理毕业后去了美国，于是两个人断了往来。副总经理经过一次失败的婚姻，再见女孩，有了和她重温旧情的想法。说着说着，女孩忍不住掉起眼泪来。

小方和这个女孩子就这个事情进行了亲密的交谈，但是没想到，自从那次之后，女孩和他渐渐疏远，也许是后悔让他知道了这个秘密。终于有一天，她开始在同事面前放风，说小方做事常常偷懒，完不成的任务都要她帮他顶着。

上面的故事可能会引起很多人深思。小方知道了女孩过多的秘密，让自己吃到了苦头。

职场人际关系非常微妙，既非亲密无间，但却熟悉无比。这之间存在着一个最佳距离，保持这个距离，才能为自己营造一个良好的职场人际空间。

有一个刚参加工作的青年，对什么事情都不太了解，就在他不知如何是好的时候，有位行政职员非常热心地照顾他，两个人成了好朋友。日子一久，他发现这位职员的牢骚愈来愈多，一开始，他只是倾听对方的牢骚，后来，工作压力过大，难免也有一些情绪的问题，于是也开始对公司和主管批评了起来。他心想，反正对方也批评公司，所以就很放心地不时吐吐苦水。

有一天，人事主管将他找了去，问起他对公司的批评。他吓了一跳，只好死不承认。他离开了这家公司。临走前，一位资深员工偷偷地指着那个行政职员对他说："你不知道他是老板的远房亲戚吗？”

他这才恍然大悟，原来自己掉进了一个办公室的陷阱！

同事毕竟只是共同做事，彼此之间存在许多利益冲突，这是亘古不变的道理，无论何时何地同事间的竞争都存在。这就要求与同事交往时注意一定的距离，如果与同事交往过密，难免口无遮拦，若被有心的同事利用了，不但没有友谊，自己的饭碗也难保了。同事之间毕竟是因工作而结成的关系，如果忘记了这一点，只谈友谊，就大错特错了。

和同事之间，亲昵而不可无度，熟稔而不可无间，要把握好这特殊的“熟人”关系，过亲或过疏都不是好的选择。千万不要与同事有过密的交往，因为你对他知根知底，所以一旦风向有变，你立刻就会成为他的重点防范对象。别人的伤心史，能不听就别听，更不要滥施情感。你同情他，说不定他转眼间就会为自己的一时脆弱而后悔，甚至转而恨起你来。因为人通常都需要在自己脆弱的时候寻找倾听对象，但是如果你知道太多别人的往事，那个人就会非常后悔，还会找机会给你使个绊，让你后悔都来不及。因此与同事，特别是那些有过多“情史”的同事相处，最好停留在“今天天气不错”的关系上，这样才能保证你的安全。

软硬兼施，不让办公室的小人得逞

办公室不是一块净土，这里有着人与人利害关系的冲突，尽管你力图避免与人为敌，但可能你会发现你的身边有人在“捣鬼”，他们会从语言和行动上暗中破坏你的工作或毁坏你的声誉。一旦你发现有这么一个人存在，就表明你的办公室里已经有小人盯上你了。你要与他为敌，针锋相对干一场吗？不！那样做只会令你沦为无教养之人，亦妨碍你的事业进展。你要该强硬时就寸步不让，该退让的时候也要留些余地，让对手输得心服口服，才能显现出你的智慧。

一天，柯小姐去机房上网，发现不知道是谁开了个黄色网页在那儿偏又忘掉了关闭，柯小姐不以为然地随手就将之关闭了。可是，令她万万没有想到的是，第二天，整个公司竟然传开了她看黄色网页的谣言。谣言之下，懦弱的柯小姐不得不主动辞职，可是即使在她离开的时候，仍然背负着屈辱和中伤。

相比之下，与柯小姐同一间办公室的梅小姐却要勇敢得多。一天早上，主任将梅小姐叫到办公室，口气严峻地说，他丢了份很重要的文件，最后这份文件一半在垃圾桶里，一半在梅小姐的抽屉里找到了。性格一贯温顺的梅小姐拍案而起，说："第一，我根本没有作案的时间和动机，这明摆着是陷害；第二，你有什么权利翻我的抽屉？"主任顿时面红耳赤。最后，梅小姐不仅没有被炒掉，反而没有人敢再陷害她了。

人们在告诫年轻后辈时常说："害人之心不可有，防人之心不可无！"

的确，害人之心不可有，然而在办公室这个小社会圈子里，光是不害人还不够，你还得有防人之心。

不过，明枪易躲，暗箭难防，别人要害你不会事先告诉你。例如，有人为了升迁，不惜设下圈套打击其他竞争者；有人为了生存，不惜在利害关头出卖朋友；有人走投无路时，狗急跳墙……

在职业生涯的漫长岁月中，免不了会遇到出卖、敌意、中伤、陷阱等种种料想不到的事情。如果事先预料这些事的发生，并一一克服，便能使你的工作生涯一帆风顺。

与工作岗位上的人交往时，必须练就人与人之间虚虚实实的进退应对技巧。自己该如何出牌，对方会如何应对，这可是比下围棋、象棋更具智慧的事情。

在一些合资公司，特别是外资公司里，追求工作成绩，希望赢得上司的好感，获得升迁，以及其他种种利害冲突，使得同事间天然地存在着一种竞争关系。而这种竞争在很大程度上又不是一种单纯的真刀实枪的实力较量，而是掺杂着个人感情、好恶、与上司的关系等复杂因素。利害关系导致同事之间可能同舟共济，也可能各自想自己的心事，因此关系免不了紧张。

在竞争愈演愈烈的社会中，同事之间不可避免地会出现或明或暗的竞争。表面上可能相处得很好，实际情况却不是这样。你有时也许会有这样的困惑：上司对你印象不错，你自己的能力也不差，工作也很卖力，但却总是迟迟达不到成功的顶峰，甚至常常感到工作不顺心，仿佛时时处处有一只看不见的手在暗中扯你的后腿。百思而不得其解之后，你也许会灰心丧气地颓然叹道："唉，也许是命运之神在捉弄吧！"

朋友，如果你真的遇到了这种困惑，也许那并不是命运之神，而是你的左右同僚在捉弄你，很可能是你与他们的关系出现了什么问题。

要在复杂的职场中生存，就必须练就一身的本领，软硬兼施，能文能武，才不会被险恶所吞，才不会被人莫名其妙地栽赃陷害。

工作中的好心人未必都有好心肠

对你和颜悦色、笑脸相迎的人未必真心对你好，俗语说“会咬人的狗从不叫”。

乔治·凯利和鲍尔同在爱德尔大酒店餐饮部掌厨。鲍尔在公司人缘极好，他不仅手艺高超，而且总是笑脸迎人，待人和气，从来不为小事发脾气，和同事和谐相处，乐于帮助别人。同事对他的评价很高，都称他为“好心的鲍尔”。

一天晚上，乔治·凯利有事找经理。到了经理室门口时，听到里面正在说话，并且依稀有鲍尔的声音。他仔细一听原来是鲍尔正在向经理说同事的不是，平日里很多小事都被鲍尔添油加醋地说出来，像汤姆把餐厅的菜单拿给他做餐馆生意的叔叔啦，还有玛丽平时工作不认真，还在工作时间给朋友打电话，并且还说到自己的坏话，借机抬高他本人。乔治·凯利不由心生一阵厌恶。

从此以后，乔治·凯利对于鲍尔的一举一动，每一个表情，每一句话都充满了厌恶和排斥感。无论他表演得多好，说任何好听的话，乔治·凯利都对他存有戒心。同事也从乔治那里看出了些什么，对鲍尔也敬而远之了。

办公室里的人际关系错综复杂，没有一双“慧眼”是不可能很好地生存的。在强敌如林的竞争者当中，不乏冷若冰霜的自私者、趾高气扬的傲慢者，但更可怕的是笑里藏刀的“好心人”。这些“好心人”往往有着不错的人缘，很好的口碑，能够在各种大事小情里发现他们的身影。他们往往口蜜腹剑，戴着友善的面具，赢得上司的信赖和同事的敬重，却在背后干着损人利己的勾当。他们的可怕之处在于让你找不出谁是使你蒙受不白之冤的幕后黑手，谁让你置身于不仁不义的两难境地，分不清谁是敌、谁是友。因此，只要擦亮双眼，提高警惕，仔细观察，谨慎处世，那么无论多么狡猾的“好心人”，终有一天是会露出尾巴、现出原形的。

对于在办公室中生存的雇员们，职场的游戏规则告诉我们：这里没有无缘无故的爱，也没有无缘无故的恨。当我们被别人的花言巧语、阿谀奉承所蛊惑时，千万要保持清醒的头脑和提高我们对事情的分析识别能力，并不是每一个对你横眉冷对、不愠不火的人都是你的敌人，也并不是所有对你热情周到、称兄道弟的人都是你的朋友。

在工作中，有一种人整天面带笑容，见人十分客气，表现得特别友好，暗地里，却使出手段造你的谣，拆你的台。这种戴着面具的“好心人”，往往容易让你吃了亏还不知道是怎么回事，因为许多人压根儿就不知道这一巴掌正是他们打来的。所以，此类人看来异常谦卑恭敬，礼貌周到，且热情友善绝不难于相处，新职员往往有如沐春风之感，可是背后他们做的事你却一无所知，即使开怀畅饮后他们也难有半点口风露出。这种人通常在任何时间、场合、处境，面对任何人物，都会笑面迎人，亲热非常，原因是笑对他们来说是一种工具，一种与人沟通的媒介，故眼神往往能与说话相配合，以达到某个不可告人的目的。

对这种戴着面具的“好心人”，一定要特别当心。这类“好心人”的特点是：上下班总是主动和你打招呼，表现出过分的热情，甚至对你称兄道弟。为了博取你的欢心，往往他还会顺着你的话滔滔不绝地说下去。

另外，这种人如果和同事发生了利害冲突，他们会不顾一切地去争取他们那一份微小的利益。这时候，他们的伪善面具自然就会脱落，露出真实的面目。

在日常工作中，我们与人相处不能只注重表象，也不能仅从某事来判断一个人。很多伪善和假象常欺骗我们的眼睛，我们只有仔细观察，多方求证，时间长了才能看清一个人的真面目。在此之前，待人接物，一定要加倍小心，谨防职场上的“好心人”。

我们对于戴着面具的“好心人”的认识的确需要一个过程，要在观察、了解中分析，才能揭开他们的虚假面具，使他们的真面目暴露在众人面前，进而，在心理增设一道防线，防止他们对自己造成伤害。

你要小心提防，千万不能把他们当成知心好友，而把自己的心事轻易地告之。否则，不但会惹来对方的轻视，还会成为别人的笑柄。同时，你也不能得罪他们。因为，如果引起他们的反感，他们对你的评价就会影响周围人对你的印象，那你不是自讨苦吃吗？当然，只要留心观察，同事中的这类人还是不难辨认的。

做事量力而行，不要不好意思拒绝

很多人都有做“老好人”的倾向，对于别人的请求，往往不好意思拒绝。总是说“好”，到后来就习惯性地说“好”，应承下来那些做不到的事情，把自己拉入尴尬的境地中。这种“好好先生”或者“好好小姐”不好意思说“不”，他们说“不”怕让别人失望，怕让别人伤心难过，结果有时候不得不硬着头皮去做答应别人的事。

不得不说，“好好先生”或者“好好小姐”确实心地善良，凡事愿意为别人考虑，总是对自己的要求很高，想竭尽全力把事情做到最好，得到周边人的认可。但这样的形象一旦在周边的人群中确定，别人就会理所当然地认为什么请求都可以提出，因为他们知道你会说“好”。如果你拒绝，反而被视为不正常了。以此模式处事，长此以往，“好好先生”或者“好好小姐”会自动地降低与他人交往过程中的行为底线。

“好好先生”或者“好好小姐”为什么不好意思拒绝呢？不好意思拒绝的原因是多种多样的，比如，接受比拒绝更容易。尽管在别人请求时，要拒绝显得非常困难，但还是要学会拒绝。如果不懂得量力而行的话，那你损失的就不仅仅是别人的期望了。因而，在他人提出要求时，不要急着答应，而是用“我先考虑一下”“我试试吧”等委婉的说辞，这样既不会伤害别人，也会给别人一个心理预期，能做到是好事，做不到的话那只能让他另请高明了。

想做一个广受爱戴的好人，并不是一件容易的事情。你不仅得对他人的要求一一答应，还得对他人照顾周全，甚至耽误自己的正事。当然了，如果你有能力的话，那自然是好事。如果没有，那“好人”就会变成自己的包袱。因为过度强化了拒绝的后果，担心拒绝会惹恼对方,导致遭到报复,结果委屈自己答应不愿意做的事。如果掌握了拒绝的技巧，会在相当大的程度上避免和消除这种结果。

但其实，拒绝的艺术就在于：量力而行！在自己能力范围内办自己能办的事情，将拒绝的道理讲给被拒绝者听，一则可以规避自己因能力不足而耽误他人，二则可以介绍资源给他，做力所能及的事。

因此，拒绝有利于应承者反思与检点自己。对照以下，查查自己是否都有这样的疑虑，并找找看除此之外是否还有别的原因。在了解不好意思拒绝的原因之后，我们就要对症下药，学会拒绝的技巧，做到量力而行。

某客服部门的主管，在处理客服问题时很有经验，他总结了很多现场经验，将自己的拒绝经验整理成了培训文案，方便大家借鉴：

1. 耐心倾听请托者的要求。即使你明知道这件事没有商量的余地，也不能粗鲁地打断对方。应该认真听完对方的要求，以表示对对方的尊重。

2. 如果无法当场决定是否拒绝，要明确地将自己的顾虑说出来，请求对方理解，并给对方一些合理化的建议。如果需要考虑后答复对方，要给出对方明确的答复时间。

3. 如果确实需要拒绝对方，应适当表达自己的歉意，并感谢对方想到自己。表达拒绝时，应该真诚而坚定。你自己心里要明白，你拒绝的是请托者的事情，而不是其本人。

学会拒绝，不是不负责任，而是在拿捏清楚分寸之后的大智之举。真诚的拒绝要比虚假的应承更有感染力，它好过答应下来别人的事情而无法做到，它也好过自己爱莫能助时的牵强附会，执意妄为。

学会拒绝是一种自知、自卫和自重，是一种沉稳的表现，是一种意志和信心的体现。人生不仅仅只有接受，每个人都有自己的人生准则和道德标准。在平常人的行为中，拒绝诱惑是一种成年人的自知之举；在教徒的行为中，拒绝烟酒等违禁品，是对自己信仰的全力捍卫，这是自重之举；在官员的行为中，拒绝利益熏染，是对自身行为的自重。所以说，要想把握好拒绝的分寸和为人的尺度，一定要量力而行！

擦亮眼睛，做晋升路上的“机会主义者”

对于职场中期待晋升的人士而言，最大的苦恼在于找不到一个晋升机会。其实机会不是靠等待就能得到的，常常听到人们感叹机会难得，有些时候，机会也要靠有心人去主动创造。同时，机会一旦出现就要牢牢抓住，没有抓住的永远都不能叫作机会。

要抓住机会，首先要拥有一双能够发现机会的眼睛。作为下属，应学会慧眼识机会，如果对机会女神的来访一无所知，失之交臂，终将悔之。俗话说：“通往失败的路上处处是错失了的机会。”要发现机会、寻找机会，首先，要有开阔的胸怀、广阔的视野，把眼光放在更广阔的领域，而不是局限于某个狭小的范围内或某个单一的渠道上；其次，要善于分析，“拨开乌云见太阳”，因为机会常常乔装打扮以问题面目出现；最后，要乐观，不要仅看到眼前的问题，更要发现问题后面的机会。

美国著名行为学家魏特利博士说：“悲观者只看见机会后面的问题，乐观者却看见问题后面的机会。”发现机会是以主体自身的才能和努力为前提的。人们常说“打江山容易，守江山难”，那么用于机会就是“发现机会容易，抓住机会难”。要抓住机会并获得机会需要我们用心去做，下面几点也许会让你有所收获：

1. 处事不惊

冷静的人很多时候会得到好处和称赞，老板、客户甚至其他同事会对处事不惊的人另眼相看。如果时常保持镇定，心理上便可随时对付难题，自信心也会增强，晋升的机会自然大增。处事不惊讲究个人的素质和临阵考验，所以要敢于处理突发的难题，处理多了，你的应急能力便会加强，当然，那个时候你就会处事不惊了。

2. 助老板一臂之力

公司考虑发展大计的时候，正是你显示才华的机会，如果你能花时间认真思考，提出一些颇有建设性的意见，老板自然会对你另眼相看，你被提升也是预料中的事。

3. 别让老板等待在办公室中

任何人都不要忘记老板的时间比你的更宝贵，当他给你一项工作指标时，这项工作比你手头上的任何事都重要。如果你正在与别人通话，让老板等待，哪怕是短短的十几秒，也是对老板不尊重的表现。如果打来电话的人是你的客户，当然不能即时终止对话，但你需要让老板知道你已知道他在等你，例如给他使个眼色，用口型说出“客户”或写张小便条给他。

升职路上的机会有时要靠自己创造。怎样创造属于自己的机会呢？要分两步走：

第一步，给自己准确定位。

通过给自己准确定位，你就能够创造机会。你可以定位于某种不够完善的服务，也可定位于一种新趋势。一旦发现市场上有这种需求，你就要从各种角度客观分析，然后发挥自己的创造性，看看自己怎样才能满足这种需求。这一策略对于创业和求职都是适用的。这样做，你可能会想到更好、更快、更高质量地完成某事的方法，也可能会获得提供一种全新服务的创意。

第二步，付出先于收获。

向成功迈进的最好办法之一是付出。当你在自己拿手的领域付出时，这种方法将收到双倍的功效。无论你是主持一个免费的产业趋势博客论坛、撰写并发表免费文章，还是在产业活动中充当志愿者，你都在以有意义的方式提高自己的专业技能，并吸引人们的注意力。另外，要确定你所想要的和你所能接受的东西是什么，你的目标是什么。是得到一个职位，是找到自己想干的事情，还是为了出名？

机遇和时间一样来去匆匆。如果二十几岁的年轻人不懂得将其牢牢抓住，它就会和时间一起从你的指间滑落，留下的只是悔恨和惆怅。

因此，职场中，二十几岁的年轻人应该擦亮眼睛，看准时机，主动把握时机，必要时创造机遇，做一个实实在在的“投机分子”，牢牢地将机遇抓在手里，一刻也不放松。

第九章

千万别道德感泛滥，到头淹死的是自己

拒绝别人的伤害，是对自己最基本的善

在武则天统治时期，有个丞相叫娄师德，史书上说他“宽淳清慎，犯而不校”。意思是：处世谨慎，待人宽厚，对触犯过自己的人从不计较。

他弟弟出任代州刺史时，娄师德嘱咐说：“我们弟兄受到的恩宠太多了，这是要遭人嫉恨的。你想过没有，怎样才能保全自己？”弟弟回答说：“以后，有人朝我脸上吐唾沫，我擦干就是了，你尽管放心吧！”

娄师德忧虑地说：“我不放心的就是这点！人家唾你脸，是生你的气，你把唾沫擦掉，岂不是顶撞他？这只能使他更火。怎么办？人家唾你，要笑眯眯地接受。唾在脸上的唾沫，不要擦掉，让它自己干！”

在封建社会，娄师德这种“唾面不拭”的做法，一直被传为美谈。然而，我们今天看来，这种不辨是非、不讲原则的一味忍让、屈从，以求保全自己的做法，并不是真正的宽容，是要不得的。这是因为，不加分析地对一切凌辱、欺压统统忍受、退让、委曲求全，不仅是十足的自轻自贱，甚或是奴颜婢膝，而且只能起到纵容邪恶势力、助长恶风邪气的作用。这样的“委曲求全”实质上与“姑息养奸”

没有多大差别。

我们提倡的宽容，是指在一些非原则问题上不要斤斤计较，睚眦必报。在涉及全局和整体利益的问题上要坚持原则，严于律己，要避免打着宽容的旗子做老好人，而损害全局或整体的利益。

另外，胸襟开阔并非等于无限度的容忍，包容并不等于对已构成危害的犯罪行为加以接受或姑息。正确的宽容才会使人有更好的人际关系，自己在心理上也会减少仇恨和不健康的情感；对于一个群体而言，胸襟开阔，无疑是一种创造和谐气氛的调节剂。因此，宽容是建立良好的人际关系的一大法宝，以德服人是形成凝聚力的重要武器。

只有用“德”去治人，治你的事业和天下，你才会信心百倍地走向成功，同时你的完美个性才能得到体现。宽容是能够让人品德高尚的好习惯。我们应该培养这个习惯，从现在开始，用宽容、豁达主宰我们的品行，开创我们事业的美好前途。

胸襟开阔，是人生的奥秘。但胸襟开阔不是无原则地容忍、退让，胸襟开阔是一种超脱，是自我精神的解放，宽容要有点豪气。

乍暖还寒寻常事，淡妆浓抹总相宜。与其悲悲戚戚、郁郁寡欢地过一辈子，不如痛痛快快、潇潇洒洒地活一生，难道这不好吗？人活得累，是心累，常读一读这几句话就会轻松得多：“功名利禄四道墙，人人翻滚跑得忙；若是你能看得穿，一生快活不嫌长。”凡事到了淡，就到了最高境界，天高云淡，一片光明。

委屈自己成全别人，只是感动了自己而已

开口说话要有分寸，不能信口雌黄，不能搬弄是非。

有一个国王，他十分残暴而又刚愎自用。但他的宰相却是一个十分聪明、善良的人。国王有个理发师，常在国王面前搬弄是非，为此，宰相严厉地责备了他。从那以后，理发师便对宰相怀恨在心。

一天，理发师对国王说："尊敬的大王，请您给我几天假和一些钱，我想去天堂看望你的父母。"

昏庸的国王很是惊奇，便同意了，并让理发师代他向自己的父母问好。

理发师选好日子，举行了仪式，跳进了一条河里，然后又偷偷爬上了对岸。过了几天，他趁许多人在河里洗澡的时候，探出头，说自己刚从天堂回来。

国王立即召见理发师，并问自己父母的情况。

理发师谎报说："尊敬的国王，先王夫妇在天堂生活得很好，可再过10天，就要被赶下地狱了，因为他们丢失了自己生前的行善簿，所以要宰相亲自去详细汇报一下。为了很快到达天堂，应该让宰相乘火路去，这样先王就可以免去地狱之灾。"

国王听完后，立即召见了宰相，让他去一趟天堂。

宰相听了这些胡言乱语，便知道是理发师在捣鬼，可又不好拒绝国王的命令，心想："我一定要想办法活下来，要惩罚这个奸诈的理发师。"

第二天凌晨，宰相按照国王的吩咐，跳入一个火坑中，然后国王命人架上柴火，浇上油点燃，顿时火光冲天。全城百姓皆为失去了正直的宰相而叹息，那个理发师也以为仇人已死，不免扬扬得意起来。

其实，宰相安然无恙，原来他早就派人在火坑旁挖了通道，他顺着通道回到了家中。

一个月后，宰相穿着一身新衣，故意留着一脸胡子和长发，从那个火坑中走了出来，径直走向王宫。

国王听见宰相回来了，赶紧出来迎接。

宰相对国王说："大王，先王和太后现在没有别的什么灾难，只有一件事使先王不安，就是他的胡须已经长得拖到脚背上了，先王叫你派个老理发师去。上次那个理发师没有跟先王告别，就私自逃回来了。对了，现在水路不通了，谁也不能从水路上天堂去。"

第二天，国王让理发师躺在市中心的广场上，周围架起干柴，然后命人点上了火。顿时，理发师被烧得鬼哭狼嚎似的乱叫。这个搬弄是非的家伙终于得到了应有的惩罚。

理发师肯定没有想到，杀死自己的不是利剑，而是自己的"舌头"。

与人相处，以诚为重，当那些心术不正、好搬弄是非的人，欲置你于死地而惬意时，你的忍让就没有任何意义了。这时，你不妨"以其人之道，还治其人之身"，让他也尝一尝你的"舌头"的厉害。

但是，不到万不得已，还是要以宽容之心包容他人之过。但与此同时，你一定要端正自己的品行，不要搬弄是非，不要恶意地中伤他人，因为搬弄是非者，往往都没有好下场！

智慧地忍辱是有所忍，有所不忍

忍辱是佛教六度中的第三度。在《遗教经》中有这样的文字："能行忍者，乃可名为有力大人。若其不能欢喜忍受恶骂之毒，如饮甘露者，不名入道智慧人也。"如此看来，似乎唯有接受一切有理或无理的谩骂，才称得上是真正的忍辱；在《优婆塞戒经》中，需要"忍"的"辱"就更多了：从饥、渴、寒、热到苦、乐、骂詈、恶口、恶事，无一不需要忍。

难道修行者必须忍受世间一切，才能获得解脱吗？

圣严法师承认忍辱在佛教修行中非常重要，佛法倡导每个修行者不仅要为个人忍，还要为众生忍。但是，所谓"忍辱"应该是有智慧地忍。

第一，有智慧地"忍辱"须是发自内心的。

有位青年脾气很暴躁，经常和别人打架，大家都不喜欢他。

有一天，这位青年无意中游荡到了大德寺，碰巧听到一位禅师在说法。他听完后发誓痛改前非，于是对禅师说："师父，我以后再也不跟人家打架了，免得人见人烦，就算是别人朝我脸上吐口水，我也只是忍耐地擦去，默默地承受！"

禅师听了青年的话，笑着说："哎，何必呢？就让口水自己干了吧，何必擦掉呢？”

青年听后，有些惊讶，于是问禅师：“那怎么可能呢？为什么要这样忍受呢？”

禅师说：“这没有什么能不能忍受的，你就把它当作蚊虫之类的停在脸上，不值得与它打架，虽然被吐了口水，但并不是什么侮辱，就微笑地接受吧！”

青年又问：“如果对方不是吐口水，而是用拳头打过来，那可怎么办呢？”

禅师回答：“这不一样吗！不要太在意！这只不过一拳而已。”

青年听了，认为禅师实在是岂有此理，终于忍耐不住，忽然举起拳头，向禅师的头上打去，并问：“和尚，现在怎么办？”

禅师非常关切地说：“我的头硬得像石头，并没有什么感觉，但是你的手大概打痛了吧？”青年愣在那里，实在无话可说，火气消了，心有大悟。

禅师告诉青年“忍辱”的方式，并身体力行，他之所以能够坦然接受青年的无理取闹，正是因为他心中无一辱，所以青年的怒火伤不到他半根毫毛。在禅宗中，这叫作无相忍辱。这位禅师的忍辱是自愿的，他想通过这种方式感化青年，并且取得了效果。生活中还有些人，面对羞辱时虽然忍住了嗔火或抱怨，但内心却因此懊恼、悔恨，这种情况就不能称为“有智慧地忍辱”了。

第二，圣严法师提倡的“有智慧地忍辱”应该是趋利避害的。

所谓的“利”，应该是他人的利、大众的利，“害”也是对他人的害、对大众的害。故事中禅师的做法是圣严法师提倡的忍辱，在这个过程中，法师虽然挨了青年一拳，但青年因此受到了感化。对于禅师来说，虽然于自己无益，但对他人有益，所以这样的忍辱是有价值的；如果说对双方都无损且有益的话，就更应该忍耐一下了。但也存在一种情况，忍耐可能对双方都有害而无益。

所以，一旦出现这种情况，不仅不能忍耐，还需要设法避免或转化它。圣严法师举了这样的例子：一个人如果明知道对方是疯狗、魔头，见人就咬、逢人就杀，就不能默默忍受了，必须设法制止可能会出现的不幸。这既是对他人、众生的慈悲，也是对对方的慈悲，因为“对方已经不幸，切莫让他再制造更多的不幸”。

智者的“忍”更需遵循圣严法师的教导，有所忍有所不忍，为他人忍，有原则地忍。

忍无可忍，不做沉默的羔羊

在社会上，有些人总是本本分分、规规矩矩，他们在工作中任劳任怨，在生活中洁身自好，各个方面都达到了社会规范的基本要求。然而，他们总是吃亏，就算是被人欺负了，遭受了不公正的待遇还是忍气吞声，就像一只“沉默的羔羊”，他们这种逆来顺受的性格只会受到别人的再次侵害。俄国著名作家契诃夫的一篇文章就足以说明这一点。

一天，史密斯把孩子的家庭教师尤丽娅·瓦西里耶夫娜请到他的办公室来，需要结算一下工钱。

史密斯对她说：“请坐，尤丽娅·瓦西里耶夫娜，让我们算算工钱吧！你也许要用钱，你太拘泥于礼节，自己是不肯开口的……呶……我们和你讲妥，每月30卢布……”

“40卢布……”

“不，30……我这里有记载，我一向按30卢布付教师的工资的……你待了两个月……”

“两个月零5天……”

“整两个月……我这里是这样记的。这就是说，应付你60卢布……扣除9个星期日……实际上星期日你是不和柯里雅学习的，只不过游玩……还有3个节日……”

尤丽娅·瓦西里耶夫娜骤然涨红了脸，牵动着衣襟，但一语不发。

“3个节日一并扣除，应扣12卢布……柯里雅有病4天没学习……你只和瓦里雅一人学习……你牙痛3天，我内人准你午饭后歇假……12加7得19，扣除……还剩……嗯……41卢布。对吧？”

尤丽娅·瓦西里耶夫娜两眼发红，下巴在颤抖。她神经质地咳嗽起来，擤了擤鼻涕，但一语不发。

“新年底，你打碎一个带底碟的配套茶杯，扣除2卢布……按理茶杯的价钱还高，它是传家之宝……我们的财产到处丢失！而后，由于你的疏忽，柯里雅爬树撕破礼服……扣除10卢布……女仆盗走瓦里雅皮鞋一双，也是由于你玩忽职守，你应负一切责任。你是拿工资的嘛，所以，也就是说，再扣除5卢布……1月9日你从我这里支取了9卢布……”

“我没支过……”尤丽娅·瓦西里耶夫娜嗫嚅着。

“可我这里有记载！”

“嗯……那就算这样，也行。”

“41减26净得15。”

尤丽娅两眼充满泪水，长而修美的小鼻子渗着汗珠，多么令人怜悯的小姑娘啊！

她用颤抖的声音说道：“有一次我只从您夫人那里支取了3卢布……再没支取过……”

“是吗？这么说，我这里漏记了！从15卢布再扣除……喏，这是你的钱，最可爱的姑娘，3卢布……3卢布……又3卢布……1卢布再加1卢布……请收下吧！”史密斯把12卢布递给了她，她接过去，喃喃地说：“谢谢。”

史密斯一跃而起，开始在屋内踱来踱去。“为什么说‘谢谢’？”史密斯问。

“为了给钱……”

“可是我洗劫了你，鬼晓得，这是抢劫！实际上我偷了你的钱！为什么还说‘谢谢’？”“在别处，根本一文不给。”

“不给？怪啦！我和你开玩笑，对你的教训是太残酷……我要把你应得的80卢布如数付给你！喏，事先已给你装好在信封里了！你为什么不抗议？为什么沉默不语？难道生在这个世界口笨嘴拙行吗？难道可以这样软弱吗？”

史密斯请她对自己刚才所开的玩笑给予宽恕，接着把使她大为惊疑的80卢布递给了她。她羞羞地过了一下数，就走出去了……

对于文中女主人公的遭遇，我们能用什么词汇来形容呢？懦弱、可怜、胆小？就像鲁迅先生说的："哀其不幸，怒其不争。"生活中，如果我们无端地被单位扣了工资，我们的反应又是怎样的呢？

人活着就要学会捍卫自己的利益，该是你的你无须忍让。除了抛弃这种"受气包"的心态，还要从心理上认同，有时"斤斤计较"并不丢脸。

不必睚眦必报，但也不必委曲求全

人生究竟应该以德报怨，以怨报怨，还是以直报怨呢？然而，我们的人生经验会告诉我们，有的人德行不够，无论你怎么感化，恐怕他也难以修成正果。人们常说江山易改，禀性难移，如果一个人已经坏到底了，那么我们又何苦把宝贵的精力浪费在他的身上呢？现代社会生活节奏的加快，使得我们每个人都要学会在快节奏的社会中生存，用自己宝贵的时光做出最有价值的判断、选择。你在那里耗费半天的时间，没准儿人家还不领情，既然如此，就不用再做徒劳的事情了。

电影《肖申克的救赎》中有一句非常经典的台词："强者自救，圣人救人。"不要把自己当作一个圣人来看待，指望自己能够拯救别人的灵魂，这样做的结果多半是徒劳无益的，何不将时间用在更有价值的事情上呢？

当然，我们主张明辨是非。但是要记住，对方错了，要告诉他错在何处，并要求对方就其过错补偿。如果不论是非，就不能确定何为直。“以直报怨”的“直”不仅仅有直接的意思，“直”，既要有道理，也要告诉对方，你哪里错了，侵犯了我什么地方。

有人奉行“以德报怨”，你对我坏，我还是对你好，你打了我的左脸，我就把右脸也凑过去，直到最终感化你；有人则相反，以怨报怨，你伤害我，我也伤害你，以毒攻毒，以恶制恶，通过这种方法来消灭世界上的坏事。其实，二者都有失偏颇，以德报怨，不能惩恶扬善；以怨报怨，则冤冤相报何时了？

以怨报怨，最终得到的是怨气的平方；以德报怨，除非对方真的到达一定境界，否则只会让你继续受到更多的伤害。其实，做人只要以直报怨，以有原则的宽容待人，问心无愧即可。

宽容不是纵容，不要让有错误的人得寸进尺，把错误当成理所当然的权利，继续侵占原本属于你的空间。挑明应遵守的原则，柔中带刚，思圆行方，既可以宽容错误的行为，又能改正他的错误。

当人们面对伤害时，不必为难，你只需以直报怨就好了。不必委曲求全，也不要睚眦必报，有选择、有原则地宽容，于己于人都有利。

爱情不是慈善，不喜欢就果断拒绝

我们每一个人都有爱的权利，更有选择爱的权利，进而就有拒绝那些疯狂追求者的权利。

一些人面对自己不喜欢的追求却不知道怎么拒绝，原因是他们太善良，不忍心对着为了自己付出了很多的人说出那个残忍的“不”字，但是如果就这样假装自己被感动而勉强和对方在一起的话，只会是对自己更大的折磨。试想谁能坚持每天假装喜欢一个人呢？等到实在受不了了再说分手的时候，那无疑会让自己更加难受，也会给对方造成更大的痛苦。他可能会认为你残忍、无情，欺骗了他的感情。所以长痛不如短痛，我们想要自己活得快乐，有时候就难免得让一些人失望了。

有很多既漂亮又聪明的女孩，虽然身边充斥着疯狂追求者，但是她们却没有那么多烦恼，因为她们总能知道如何运用拒绝的方法。她们不会当面直接拒绝这些疯狂追求者，而是与他们非常融洽地相处。也让那些疯狂追求者明白一个前提，那就是他们之间只能当朋友，不会发展为恋人关系。

有时候如果你说你有男朋友了，有些追求者是不会死心的，但是如果你说你已经结婚了，那些追求者就会自动打退堂鼓。但是，还是有一些因为疯狂追求而酿成惨剧的案例，让我们触目惊心。

2012 年的 2 月 24 日，随着网络上曝光的一件事，周岩以极快的速度进入人们的视野。人们在震惊的同时，又不禁扼腕叹息。

合肥女中学生周岩因拒绝同学陶汝坤的求爱，竟被陶汝坤用打火机点油烧伤毁容。

2011 年 9 月 17 日晚，因多次追求周岩不成，陶汝坤为了报复来到周岩家中，将事先准备的灌在雪碧瓶中的打火机燃油泼在她身上并点燃，致其面部、颈部等多处烧伤。惨剧发生后，周岩在接受安徽媒体采访时表示，在校期间，陶对其进行追求，但她一直不愿意，陶以逼迫、威胁等手段要周跟他在一起，她跟老师与家长反映都没有任何效果。

看到此时惨遭毁容的可怜女孩周岩，人们在谴责陶汝坤的同时，也开始反思如何避免类似悲剧的再次发生。惊讶于到底是什么样的深仇大恨，陶汝坤要这样对待一个跟自己同龄的花季少女。真相曝光之时，不禁让人大跌眼镜。

是啊，这样的一位花季少女，正值人生最美丽的时刻，还有大好的青春正需要她去享受、去挥霍，正是在这样一个人生最美丽的季节，自己的花容月貌却被疯狂的、变态的追求者毁坏。就算再去追求肇事者的责任也好，可对于周岩来说，生命似乎已经看不到曙光。多大的惩处也不能减轻她现在的一丝痛苦。

在日常生活中，我们也许会遇到这样的疯狂追求者：他会经常去你所在的教室骚扰你；在你通过走廊的时候趁机拦截我；甚至夸张到一路紧追至女厕所；他还会每天都给你写一封情书，通过别人打听到你家的电话号码，有事没事就打电话到你家里去；恐怖的是他还会开摩托车跟踪你回家从而知道你的家庭住址。

那么，我们究竟该怎么做，才能在拒绝疯狂追求者的同时还不受伤害呢？由于女性一般都心地比较善良，所以她们在拒绝追求者的求爱的时候，往往不会直接拒绝，觉得那样容易伤害对方。

因为，很多女人都容易心软，而一旦你态度不坚决，心软了，一切就前功尽弃了，甚至让他觉得你是在给他机会，进而以为你喜欢他。

对于那些非疯狂追求者而言，女同胞可通过一些暗示行为和语言，或通过第三方来拒绝。但是，对于那些较为“执着”的追求者而言，这些暗示一般很难产生预想的效果，这时候，你就应该明示来打消异性追求的念头，阻止追求行动。

但是，很多事情往往不会朝着你期待的方向发展，比如一些女生收了追求者的花后丢掉，以为这就是拒绝，但对方反而会认为收了是愿意给他机会。明示和暗示都无效时，你一定要尽量回避对方，万一不得已接触，一定要在公共场合。就算是约对方讲清楚，也要约在公共场所，最好找朋友陪同，这样可多一重人身保障。

如果还是没有效果，你就坚持不跟他讲一句话，他给你写的情书也不要回，他向你家里打电话也不要接，如果他路上追截你，你也假装没事人似的不理他。如果他甚至疯狂到让朋友告诉你他发生了意外，想要见你一面，你也一概不能心软。只有这样，随着时间的推移，慢慢地，那个疯狂的追求者就会放弃了。有时候，由于工作的关系，我们会与形形色色的客户打交道，而有的客户就会打着合作的旗号，对你展开追求。

如果有个人疯狂地追求你，他会每天都拿着一束花象征浪漫地在公司门口等你，看到你从公司下班出来，就殷情地献上早已经准备好的鲜花。即使你斩钉截铁地当面拒绝该客户的追求，但疯狂的追求者之所以叫疯狂，就在于他不会以尊重女性的意愿而适时地结束，而是死缠烂打、永不妥协。如果你通过自己的说辞无法让这位疯狂追求者放弃，那么你可以试试打听到追求者的家庭，要追求者的父母禁止他对自己的骚扰。

即使这样，追求者还是隔三岔五地出现在你公司门口，而你实在是不堪其扰的话，那你只能做出最后一个选择，下决心辞了自己的工作，让追求者无法再找到自己。面对疯狂求爱，其实还有一种最简单而又可行的办法，那就是我们刚开始谈到的：可以编造一个美丽的谎言来拒爱。记得那句话："我结婚了，你不知道吗？"

为了自己的幸福，就要懂得对不喜欢的人的疯狂求爱说"不"，虽然这会带来一些不快，但是也姑且把这看作是捍卫自己幸福所必须付出的代价吧。